石油加工与石油产品生产技术

SHIYOU JIAGONG YU SHIYOU CHANPIN
SHENGCHAN JISHU

张艳敏 著

中国纺织出版社有限公司

内 容 提 要

本书根据石油加工技术发展的现状与趋势，结合相关领域的研究，讨论了石油加工工艺和石油产品生产技术。

本书主要介绍了石油化工生产的基本工艺流程、原油预处理和蒸馏及几项重要的石油产品加工工艺。本书条理清晰，科学性强，可为炼油、化工行业的科研、设计、生产管理、装置操作人员等提供参考和借鉴。

图书在版编目(CIP)数据

石油加工与石油产品生产技术 / 张艳敏著. — 北京：中国纺织出版社有限公司，2019.12
ISBN 978-7-5180-6915-6

Ⅰ. ①石⋯ Ⅱ. ①张⋯ Ⅲ. ①石油炼制 ②石油产品—生产技术 Ⅳ. ①TE62

中国版本图书馆 CIP 数据核字(2019)第 237321 号

责任编辑：孔会云　　特约编辑：陈怡晓
责任校对：江思飞　　责任印制：何　建

中国纺织出版社有限公司出版发行
地址：北京市朝阳区百子湾东里 A407 号楼　邮政编码：100124
销售电话：010—67004422　传真：010—87155801
http://www.c-textilep.com
中国纺织出版社天猫旗舰店
官方微博 http://weibo.com/2119887771
北京虎彩文化传播有限公司制版印刷　各地新华书店经销
2020 年 7 月第 1 版第 1 次印刷
开本：710×1000　1/16　印张：13
字数：227 千字　定价：68.00 元

凡购本书，如有缺页、倒页、脱页，由本社图书营销中心调换

前言 PREFACE

  全球经济的发展面临着原油资源严重短缺、石油产品质量数量要求逐渐提高以及环境保护法规日益严格的压力。尽管石油加工已经有100多年的历史，但是仍然有许多问题没有得到彻底解决。

  石化工业是国民经济的重要支柱产业之一，提供了交通运输燃料和石油化工原料，在国民经济、国防和社会发展中具有极其重要的地位和作用。进入21世纪，我国石化工业发展迅速。但同时，我国石化工业也面临着石油资源短缺、原油劣质化趋势加剧、产品升级和节能减排压力增大等问题。因此，我国石化工业结构调整和技术进步的步伐将进一步加快，对石油加工专业人才的数量和质量也将有更高的要求。

  本书主要介绍了石油化工生产的基本工艺流程、原油预处理和蒸馏、热破坏加工、延迟焦化加工、催化裂化加工、催化加氢加工和催化重整加工。书中详细介绍了各种加工工艺的流程、装置和基本操作，条理清晰，科学性强，可以为石油化工生产行业的科技人员提供参考和借鉴。

  本书由陇东学院化学化工学院张艳敏独立完成写作，本书得到陇东学院著作基金资助，也得到了许多同事的指导和建议，谨在此表示感谢。同时衷心感谢参考和引用过的文献的著作者，并期盼着更多的批评和指教。

著者：张艳敏
2019年10月

目录 CONTENTS

第一章 绪　论/1

　　第一节　石油简介/1
　　第二节　石油炼制工业在国民经济中的地位/3
　　第三节　石油炼制工业的发展概况/3

第二章 石油及其产品的组成和性质/7

　　第一节　石油的性状与组成/7
　　第二节　石油馏分的烃类组成/8
　　第三节　石油中的非烃化合物/17
　　第四节　石油及其产品的物理性质/22

第三章 石油化工生产/41

　　第一节　石油化工生产过程/41
　　第二节　石油化工生产过程的催化剂选择/42
　　第三节　石油化工生产过程的工艺流程/52

第四章 原油预处理和原油蒸馏/56

　　第一节　原油的预处理/56
　　第二节　蒸馏与精馏原理/64
　　第三节　原油常减压蒸馏/69
　　第四节　常减压装置的能耗及节能/81
　　第五节　原油精馏塔的工艺计算/83

第五章 热破坏加工 /93

第一节 热破坏加工过程的基本原理 /93
第二节 减黏裂化 /95
第三节 焦炭化的方法 /97

第六章 延迟焦化加工 /103

第一节 延迟焦化工艺原理 /103
第二节 延迟焦化工艺流程 /105
第三节 延迟焦化工艺生产操作 /108

第七章 催化裂化加工 /116

第一节 催化裂化生产原理 /116
第二节 催化裂化工艺流程 /124
第三节 催化裂化生产操作 /136

第八章 催化加氢加工 /161

第一节 催化加氢工艺原理 /161
第二节 催化加氢工艺流程 /172

第九章 催化重整加工 /179

第一节 概述 /179
第二节 催化重整的化学反应 /183
第三节 重整催化剂 /187
第四节 催化重整原料的选择 /194
第五节 催化重整工艺流程 /196

参考文献 /200

第一章 绪 论

第一节 石油简介

石油又称为原油,是从地下深处开采的棕黑色可燃黏稠液体。公元977年中国北宋编著的《太平广记》第一次提出"石油"一词。将其正式命名为"石油"的人是中国北宋杰出的科学家沈括(1031~1095年)。元丰三年(1080年),沈括调任延州知州,在任职期间他考察了鄜、延境内(今延安)并发现石油的矿藏与用途。在11世纪末写成的《梦溪笔谈》中提到:"鄜、延境内有石油,旧说高奴县出脂水,即此也。生于水际,沙石与泉水相杂,惘惘而出,土人以雉尾挹之,乃采入缶中。"在"石油"一词出现之前,国外将石油称为"魔鬼的汗珠""发光的水"等,中国把石油称为"石脂水""猛火油""石漆"等。

我们在日常生活中到处都可以见到石油或其产品的身影,比如汽油、柴油、煤油、润滑油、沥青、塑料、纤维等,这些都是从石油中提炼、加工出来的。日常生活中所用的天然气是从专门的气田中产出的,通过输气管道和气站再到各家各户。

目前就石油的成因有两种说法。一是无机论,即石油是由水和二氧化碳与金属氧化物发生地球化学反应而生成的。二是有机论,即各种有机物,如动物、植物,特别是低等的动植物像藻类、细菌、蚌壳、鱼类等死后埋藏在不断下沉、缺氧的海湾、潟湖、三角洲、湖泊等地经过许多物理化学作用,最后逐渐形成石油。

从寻找石油到利用石油,大致要经过四个主要环节,即寻找、开采、输送和加工,这四个环节一般称为石油勘探、油田开发、油气集输和石油炼制。

一、石油勘探

石油勘探有许多方法,但地下是否有油,最终要靠钻井来考证地质历史,研究地质规律,寻找石油天然气。一个国家在钻井技术上的先进程度,往往反映了这个国家石油工业的发展状况。

二、油田开发

油田开发指的是用钻井的办法证实了油气的分布范围,并证实该油田具有工业价值,可以投入规模化的生产。从这个意义上说,1821年四川富顺县自流井气田的开发是世界上最早的天然气田。

三、油气集输

油气集输是指把分散的油(气)井所产生的石油、伴生天然气和其他产品集中起来,并进行必要的处理和加工。公元1875年前后,自流井气田采用当地盛产的竹子为原料,去节打通,外用麻布缠绕涂以桐油,连接成我们现在所称的"输气管道",总长二三百里,在当时的自流井地区,绵延交织的管线翻越丘陵,穿过沟涧,形成输气网络,使天然气的应用从井的附近延伸到远距离的盐灶,推动了气田的开发。

四、石油炼制

石油炼制简称炼油,是以原油为基本原料,通过一系列炼制工艺(或称为加工过程),例如常减压蒸馏、催化裂化、催化加氢、催化重整、延迟焦化、炼厂气加工及产品精制,把原油加工成各种石油产品,如各种牌号的汽油、喷气燃料(即航空煤油)、柴油、润滑油、溶剂油、蜡油、沥青、石油焦以及各种石油化工产品的基本原料。

至于石油炼制,开始的年代还要更早一些,北魏时所著的《水经注》,成书年代是512~518年,书中介绍了从石油中提炼润滑油的情况。英国科学家约瑟在有关论文中指出:"在10世纪,中国就已经有石油而且在大量使用"。由此可见,在这以前中国人就开始对石油进行蒸馏加工了,说明早在6世纪我国就产生了石油炼制工艺。

第二节　石油炼制工业在国民经济中的地位

石油炼制工业是国民经济最重要的支柱产业之一,是提供能源,尤其是交通运输燃料和有机化工原料的最重要的工业。据统计,目前全世界总能源需求的 40%依赖于石油产品,汽车、飞机、轮船等交通运输器械使用的燃料几乎全部是石油产品。有机化工原料,如三烯(乙烯、丙烯、丁烯)、三苯(苯、甲苯、二甲苯)、一炔(乙炔)等基础有机原料,主要也是来源于石油炼制工业,世界石油总产量的 10%左右用于生产有机化工原料。同时,石油也是提取润滑油的主要原料,各种机械设备需要用润滑材料来减少机械磨损和节省动力消耗,量大、面广的各种润滑油、脂,都是从石油中提取的,目前世界石油总产量的 2%左右用于生产润滑油。

以石油为原料加工的石油产品种类繁多,市场上各种牌号的石油产品有 1000 种以上,大体上可以分为以下几类。

①燃料。如各种牌号的汽油、航空煤油、柴油、重质燃料油等。

②润滑油。如各种牌号的内燃机油、机械油、仪表用油等。

③有机化工原料。如生产乙烯的裂解原料、各种芳烃和烯烃等。

④工艺用油。如变压器油、电缆油、液压油等。

⑤沥青。如各种牌号的道路沥青、建筑沥青、防腐沥青、特殊用途沥青等。

⑥蜡。如各种食用、药用、化妆品用、包装用的石蜡和地蜡。

⑦石油焦炭。如电极用焦、冶炼用焦、燃料焦等。

从上述内容可以看出石油产品品种之多和用途之广,也可以看到石油炼制工业在国民经济和国防中的重要地位。

第三节　石油炼制工业的发展概况

石油的发现、开采和直接利用由来已久,加工利用并逐渐形成石油炼制工业始于 19 世纪 30 年代,到 20 世纪 40 至 50 年代形成的现代炼油工业,是最大的加工工业之一。从 19 世纪 30 年代起,陆续建立了石油蒸馏工厂。1823 年,俄国杜比宁三兄弟建立了第一座釜式蒸馏炼油厂。1860 年,美国 B. Siliman 建立了原油分馏装置。这些可以看作炼油工业的雏形,它们生产的产品主要是灯用煤油,汽油没有利用当废料抛弃。19 世纪 70 年代建造了润滑油厂,并开始把蒸馏得到的高沸点油作为锅炉燃料。19 世纪末内燃机和汽车的问世,使汽油和柴油的需求猛增,仅靠原油的蒸馏(即原油的一次加工)不能满足需求,于是诞生以增产汽油、柴油为目的,综合利用原油各种成分的原油二次加工工艺。1913 年实现了热裂化,1930 年实现了焦化和催化裂化,1940 年实现了催化重整,此后加氢技术也迅速发展,这就形成了现代的石油炼制工业。20 世纪 50 年代以后,石油炼制为化工产品的发展提供了大量原料,形成了现代的石油化学工业。20 世纪 60 年代,以分子筛催化剂为代表的催化新材料得到应用。70 年代,计算机应用技术、过程系统优化技术在炼油工业中也得到广泛的应用。80 年代,重质油轻质化技术得到广泛应用。90 年代,生产装置和炼油厂实现了大型化、基地化,产业集中度提高,工艺装置构成更加适应原油的重质化与劣质化,深度加工能力明显提高,生产清洁燃料的手段日臻完善。21 世纪,加快发展了清洁燃料生产技术和信息技术的开发利用。

美国《油气杂志》报道,2011 年,全球炼油厂数共计 655 座,比 2010 年减少 7 座,总炼油能力为 44 亿吨/年,同比 2010 年下降约 900 万吨/年(18 万桶/日),是近 10 年来的首次下降。

在炼油商排名中,埃克森美孚公司以 2.9 亿吨/年(578.8 万桶/日)的炼油能力继续蝉联榜首。壳牌石油公司和英国石油公司分列第二位、第三位,炼油能力分别达到 2.1 亿吨/年(419 万桶/日)、2.0 亿吨/年(397 万桶/日)。中国石油天然气集团公司位列第七,比 2010 年上升两位,炼油能力达到 1.3 亿吨/年(267.5 万桶/日)。

在全球最大的 20 座炼油厂中,排名前三位的炼油厂分别是:委内瑞拉 Paraguana 炼油中心的 Paraguana 炼油厂(4700 万吨/年),韩国 SK Innovation 蔚山炼油厂(4200 万吨/年)以及韩国 GS Caltex 公司的丽水炼油厂(3800 万吨/年)。入围的中国炼油厂分别是位列第十的台塑集团麦寮炼油厂(2700 万吨/年)和位列第十九的中国石化镇海炼油厂(2015 万吨/年)。

中国的炼油工业起步较晚,在 1907 年建立了陕西延长石油官矿局炼油房,采用卧式蒸馏釜,每釜加工原油 3600 kg,每天得到灯油 450 kg。1909 年,在新疆独山子开采出原油,在乌鲁木齐进行釜式炼油。1941 年,成立甘肃油矿局,下设炼油厂,建起了常减压蒸馏及热裂化炼油装置。直到1949年,全国仅有几个小规模的炼油厂,原油加工能力只有17万吨/年,当年加工原油11.6万吨,生产12种石油产品。

新中国成立以后,1949~1959年为我国炼油工业的恢复和初步发展时期,以西部为主,在上海、克拉玛依、冷湖和兰州建立了炼油厂。1958年,在兰州建立了我国第一座现代化的处理量为100万吨/年的燃料—润滑油综合型炼油厂。到1959年,我国原油加工能力达到579万吨/年,实际加工395.6万吨,石油产品达到309种,石油产品的自给率达到40%。1960~1965年,我国炼油工业为发展调整阶段,新建了大庆、南京等大型炼油厂,改造扩建了部分小型炼油厂,并将过去生产和加工人造石油的炼油厂改造为加工天然石油。1965~1978年,我国炼油工业为大发展阶段,建立了催化裂化、延迟焦化、催化重整、尿素脱蜡等装置。到1978年,我国原油加工能力增加到9291万吨/年,实际加工能力达7069万吨/年,产品达到656种。1978年以后,我国炼油工业进入了改革、改组、发展阶段,到2011年底,我国炼油总加工能力达到了5.9亿吨/年,位居世界第二位,催化裂化加工能力约占总加工量的40%,仅次于美国,居世界第二位,炼油技术水平也已进入世界先进行列。21世纪,我国将选择市场潜力大和地缘条件好的区域,通过改造或新建,建设具有国际规模、国际水平的大型炼油基地群,如茂名、镇海、齐鲁、福建、南京等。2010年,我国拥有1000~2000万吨/年生产能力的炼油厂18个。到21世纪中叶,我国将至少需要建设10个2000~5000万吨/年加工能力的特大型炼油基地。这些炼油基地不仅是含硫原油加工重点基地,也是向化工企业辐射的大型化工原料基地。

21世纪是知识经济时代,世界各国都实施可持续发展战略来发展经济。因此,21世纪世界炼油工业的发展要适应知识经济发展的需要,要按照可持续发展战略来发展。可持续发展战略就是环境、资源、人口与社会、经济、文化协调发展、兼顾当代人和子孙后代利益的发展战略。其主要特征是:保护资源,减少资源消耗,节约使用资源,提高资源的利用效率,主要依靠技术进步和科学管理实现社会经济发展;保护环境,维护生态平衡,防止和治理污染;人口增长与经济增长互相协调,提高人口质量,使地区分布合理化,充分有效地开发和利用现有的人力资源。指导思想是经济效益与环境效益并重,实现经济增长与保护环境的双重效益。

从 21 世纪世界经济发展的大环境和大趋势考虑,21 世纪世界炼油工业将面临以下六大挑战和机遇。一是经济全球化,市场国际化,竞争白热化。二是生态环境恶化,生产清洁油品已成为当务之急。三是原油质量越来越差,石油消费量逐年增长。四是丰富的油砂资源为炼油工业提供了巨大的发展空间。五是计算机技术和生物技术等高新技术的快速发展为炼油工业提供了强有力的技术支持。六是天然气和煤层气资源丰富,合成石油为炼油工业的发展提供了喜人的前景。

为此,世界各国特别是发达国家的炼油工业面对以上的挑战和机遇,已经或正在采取的重大举措有以下六项。一是兼并、联合、重组,充分发挥优势,增强竞争实力。二是炼油化工一体化,优化资源配置,提高经济效益。三是发展深度加工,优化资源利用,提高资源利用率。四是采用清洁技术,生产清洁油品,减少"三废"排放。五是采用生物技术,生产清洁油品,降低生产成本。六是采用合成技术,生产清洁油品,满足未来需求。

第二章 石油及其产品的组成和性质

第一节 石油的性状与组成

一、石油的性状

石油亦称原油,通常为黑色、褐色或黄色的流动或半流动的黏稠液体,相对密度一般为 0.80~0.98。

混合原油的主要特点是含蜡量高、凝点高、硫含量低,属于低硫石蜡基原油。胜利油田范围很大,地质条件复杂,由几十个中小油田组成,这些中小油田原油的性质差异较大。辽河油田也由多个中小油田组成,不同油田或地层生产的原油差别很大。我国海上原油主要产自渤海湾南部及辽东湾、南海西部的北部湾、东部的珠江口等,各地区原油性质差别很大,密度为 0.77~0.9 g/cm^3,有石蜡基原油,也有环烷基原油,但都属低硫原油。

与国外原油相比,我国主要油区原油的凝点及蜡含量较高、沥青质含量较低,相对密度大多在 0.85~0.95 之间,属于偏重的原油。

二、石油的元素组成

尽管世界上各种原油的性质差异很大,但组成石油的化学元素主要是碳(83.0%~87.0%)、氢(11.0%~14.0%),二者合计占 96.0%~99.0%,其余为硫(0.05%~8.00%)、氮(0.02%~2.00%)、氧(0.08%~1.82%)及微量元素,其合计含量总共在 1.0%~4.0%。石油中含有的微量金属元素最重要的是钒、镍、铁、铜、铅、钠、钾等,微量非金属元素主要有氯、硅、砷等。

三、石油的馏分组成

原油是一个由众多组分组成的复杂混合物,其沸点范围很宽,通常从常温一直到500℃以上。因此,对原油进行研究或加工利用,都需要将原油进行分馏,以获得相对窄的馏分。如初馏点至180℃馏分,180~350℃馏分等。

这些馏分我们常常以汽油、煤油、柴油和润滑油等名称冠名,但他们并不是石油产品,而仅仅是沸点范围跟相应的产品相同,要将其成为石油产品还需要进一步加工来满足油品的使用规格要求。

汽油馏分其沸点范围为初馏点至180℃(200℃);煤油馏分其沸点范围为200~350℃;350~500℃通常称为高沸点馏分。

从原油直接分馏得到的馏分称为直馏馏分,它是原油经过蒸馏(一次加工)得到的,基本上不含有不饱和烃。若是经过催化裂化(二次加工)得到的,其所得的馏分与相应的直馏馏分不同,其中含有不饱和烃。

第二节 石油馏分的烃类组成

石油中的烃类按其结构不同,大致可分为烷烃、环烷烃、芳香烃和不饱和烃等几类。不同烃类对各种石油产品性质的影响各不相同。

一、石油馏分的烃类组成

1. 烷烃

烷烃是石油中的重要组分,凡是分子结构中碳原子之间均以单键相互结合,其余碳价都被氢原子所饱和的烃叫做烷烃,它是一种饱和烃,其分子通式为 C_nH_{2n+2}。

烷烃是按分子中含碳原子的数目为序进行命名的,碳原子数为1~10的分别用甲、乙、丙、丁、戊、己、庚、辛、壬、癸表示;10以上者则直按用中文数字表示。如只含一个碳原子的称为甲烷,含有十六个碳原子的称为十六烷。这样,就组成了为数众多的烷烃同系物。

烷烃按其结构不同,可分为正构烷烃与异构烷烃两类,凡烷烃分子主碳链上没有支碳链的称为正构烷,而有支链结构的称为异构烷。

在常温下,甲烷至丁烷的正构烷呈气态;戊烷至十五烷的正构烷呈液态;十六烷以上的正构烷呈蜡状固态(是石蜡的主要成分)。

由于烷烃是一种饱和烃,故在常温下,其化学安定性较好,但不如芳香烃。

在一定的高温条件下,烷烃容易分解并生成醇、醛、酮、醚、羧酸等一系列氧化产物。烷烃的密度最小,黏温性最好,是燃料与润滑油的良好组分。

正构烷与异构烷虽然分子式相同,但由于分子结构不同,性质也有所不同。相同碳原子数的异构烷烃比正构烷烃沸点要低,且随着异构化程度增加其沸点降低更显著。另外,异构烷烃比正构烷烃黏度大,黏温性差。正构烷烃因其碳原子呈直链排列,易产生氧化反应,即发火性能好,它是压燃式内燃机燃料的良好组分。但正构烷烃的含量也不能过多,否则凝点高,低温流动性差。异构烷由于结构较紧凑,性质安定,虽然发火性能差,但燃烧时不易产生过氧化物,即不易引起混合气爆燃,它是点燃式内燃机的良好组分。

烷烃以气态、液态、固态三种状态存在于石油中。$C_1 \sim C_4$ 的气态烷烃主要存在于石油气体中。从纯气田开采的天然气主要是甲烷,其含量为93%～99%,还含有少量的乙烷、丙烷以及氮气、硫化氢和二氧化碳等。从油气田得到的油田气除了含有气态烃类外,还含有少量低沸点的液体烃类。石油加工过程中产生的炼厂气因加工条件不同可以有很大的差别。这类气体的特点是除了含有气态烷烃外,还含有烯烃、氢气、硫化氢等。$C_5 \sim C_{11}$ 的烷烃存在于汽油馏分中,$C_{11} \sim C_{20}$ 的烷烃存在于煤油、柴油馏分中,$C_{20} \sim C_{30}$ 的烷烃存在于润滑油馏分中。C_{16} 以上的正构烷烃一般多以溶解状态存在于石油中,当温度降低时,即以固态结晶析出,称为蜡。蜡又分为石蜡和地蜡。

石蜡主要分布在柴油和轻质润滑油馏分中,其相对分子质量为300～500,分子中碳原子数为19～35,熔点在30～70℃。地蜡主要分布在重质润滑油馏分及渣油中,其相对分子质量为500～700,分子中碳原子数为35～55,熔点在60～90℃。从结晶形态来看,石蜡是互相交织的片状或带状结晶,结晶容易,而地蜡则是细小针状结晶,结晶较困难。从化学性质看,石蜡与氯磺酸不起反应,在常温或100℃条件下,石蜡与发烟硫酸不起作用;地蜡的化学性质比较活泼,与氯磺酸反应放出HCl气体,与发烟硫酸一起作用时,经加热反应剧烈,同时发生泡沫并生成焦炭。

石蜡与地蜡的化学结构不同导致了其性质之间的显著差别。根据研究结果来看,石蜡主要由正构烷烃组成,除正构烷烃外,石蜡中还含有少量异构烷烃、环烷烃以及少量的芳香烃。地蜡则以环状烃为主体,正、异构烷烃的含量都不高。

存在于石油及石油馏分中的蜡,严重影响油的低温流动性,对石油的输送和加工及产品质量都有影响。但从另一方面看,蜡又是很重要的石油产品,可以广泛应用于电气工业、化学工业、医药和日用品等工业。

2. 环烷烃

环烷烃是石油中第二种主要烃类,其化学结构与烷烃具有相同之处,它们分子中的碳原子之间均以一价相互结合,其余碳价均与氢原子结合。由于其碳原子相互连接成环状,故称为环烷烃。环烷烃分子中所有碳价都已饱和,因而它也是饱和烃。环烷烃的分子通式为 C_nH_{2n}。

石油中所含的环烷烃主要是具有五元环的环戊烷系和具有六元环的环己烷的同系物。此外在石油中还发现有各种五元环与六元环的稠环烃类,其中常常含有芳香环,称为混合环状烃。

石油低沸点馏分主要含单环环烷烃,随着馏分沸点的升高,还出现了双环和三环环烷烃等。研究表明:分子中含 $C_5 \sim C_8$ 的单环环烷径主要集中在初馏点~125℃的馏分中。石油高沸点馏分中的环烷烃包括从单环、双环到六环甚至高于六环的环烷烃,其结构以稠合型为主。

环烷烃具有良好的化学安定性,与烷烃近似但不如芳香烃。环烷烃在石油馏分中含量不同,它们的相对含量随馏分沸点的升高而增多,只是在沸点较高的润滑油馏分中,随着芳香烃含量增加,环烷烃则逐渐减少。其密度较大,自燃点较高,辛烷值居中。它的燃烧性较好、凝点低、润滑性好,因此也是汽油、润滑油的良好组分。环烷烃有单环烷烃与多环烷烃之分。润滑油中含单环烷烃多则黏温性能好,含多环环烷烃多则黏温性能差。

3. 芳香烃

芳香烃是一种碳原子为环状连接结构,且单双键交替的不饱和烃,芳香烃在石油中的含量通常比烷烃和环烷烃的含量少。这类烃在不同石油中总含量的变化范围相当大,为 10%~20%。芳香烃的分子通式有 C_nH_{2n-6}、C_nH_{2n-12}、C_nH_{2n-18} 等。它最初是由天然树脂、树胶或香精油中提炼出来的,具有芳香气味,所以把这类化合物叫做芳香烃。芳香烃都具有苯环结构,但芳香烃并不都有芳香味。

芳香烃的代表物是苯及其同系物以及双环和多环化合物的衍生物。在石油低沸点馏分中只含有单环芳香烃,且含量较少。随着馏分沸点的升高,芳香烃含量增多,且芳香烃环数、侧链数目及侧链长度均增加。在石油高沸点馏分中甚至有四环及多于四环的芳香烃。此外在石油中还有为数不等、多至 5~6 个环的环烷烃—芳香烃混合烃,它们主要以稠合型的形式存在。

芳香烃具有良好的化学安定性,在相同碳数烃类中,其密度最大,自燃点最高,辛烷值也最高,故其为汽油的良好组分。但由于其发火性差,十六烷值低,所以它不是柴油的理想组分。在润滑油中,若含有多环芳香烃,则会使其黏温性显著变坏,故应尽量除去。

4. 不饱和烃

不饱和烃在原油中含量极少,主要是在二次加工过程中产生的。热裂化产品中含有较多的不饱和烃,主要是烯烃,也有少量二烯烃,但没有炔烃。

烯烃的分子结构与烷烃相似,一般为直链或直链上带有支链的烃类,但烯烃的碳原子间有双键。凡是分子结构中碳原子间含有双价键的烃称为烯烃,其分子通式为 C_nH_{2n}、C_nH_{2n-2} 等。分子间有两对碳原子间为双键结合的称为二烯烃。烯烃的化学安定性差,易氧化生成胶质,但辛烷值较高,凝点较低。

二、石油馏分烃类组成表示法

为了进一步认识石油馏分中的烃类组成,满足生产和科研上对烃类组成的要求,可用以下三种方法表示石油馏分的烃类组成。

1. 单体烃组成表示法

前面谈到的元素组成过于简单,而烃类组成在有些场合又不适用,因此,又提出了单体烃组成表示方法。它是表示石油及其馏分中每一单体化合物含量高低的数据。但由于石油馏分的组成十分复杂,其单体化合物十分繁多,且随着馏分变重,化合物的种类和数目也就越多,分离和鉴定出各种单体化合物也就越困难。所以目前单体烃组成的表示法一般只用于说明汽油馏分。

2. 族组成表示法

单体烃组成由于过细过详,在实际应用中存在许多困难。而族组成表示法是以石油馏分中各族烃相对含量的组成数据来表示,这种方法简单而实用。至于分为哪些族则取决于分析方法以及分析上的要求。一般对汽油组分的分析就以烷烃、环烷烃、芳香烃这三族烃的含量表示。如果是裂化汽油再加上一项不饱和烃,煤油、柴油以上馏分族组成通常是以饱和烃(烷烃+环烷烃)、轻芳烃(单环芳烃)、中芳烃(双环芳烃)、重芳烃(多环芳烃)等项目来表示。

3. 结构族组成表示法

由于高沸点石油馏分以及渣油的组成和分子结构更加复杂,各种类型分子数目繁多,往往在一个分子中同时含有芳香环、环烷环及相当长的烷基侧链,若按上述族组成表示法就很难准确说明它究竟属于哪一类烃。此时就用结构族组成来表示它们的化学组成。

这种方法是把整个石油馏分看成是由某种"平均分子"所组成。这一"平均分子"则是由某些结构单位(芳香环、环烷环及烷基侧链)所组成。馏分结构族组成情况,用"平均分子"上的环数(芳香环和环烷环)或碳原子在某一结构单位上的百分数来表示。常用符号如下:

R_A——分子中的芳香环数;

R_N——分子中的环烷环数;

R_T——分子中的总环数,$R_T = R_A + R_N$;

C_A——分子中芳香环上碳原子数占总碳原子数的百分数;

C_N——分子中环烷环上碳原子数占总碳原子数的百分数;

C_R——分子中总环上碳原子数占总碳原子数的百分数,$C_R = C_A + C_N$;

C_P——分子中烷基侧链上的碳原子数占总碳原子数的百分数。

为了说明这种方法,举例如下:某一复杂混合物统计意义的"平均分子"结构为: ,该"平均分子"中有 20 个碳原子,其中 6 个碳原子在芳香环上,4 个碳原子在环烷环上,10 个碳原子在烷基侧链上,则:

$$C_A = \frac{6}{20} \times 100\% = 30\%$$

$$C_N = \frac{4}{20} \times 100\% = 20\%$$

$$C_R = 20\% + 30\% = 50\%$$

$$C_P = \frac{10}{20} \times 100\% = 50\%$$

分子中的芳香环数 $R_A = 1$;

分子中的环烷环数 $R_N = 1$;

分子中的总环数 $R_T = 2$;

采用上述六个结构参数,就可以大致描述该分子的结构了。

石油馏分的某些物理常数(相对密度、折射率等)是与其族组成有关。在各类烃中芳香烃的相对密度和折射率最大,烷烃的相对密度和折射率最小,环烷烃介于二者之间。因此提出一种利用物理常数来测定石油馏分结构族组成的方法,其中最常用的是 $n-d-M$ 法(n 是折射率,d 是相对密度,M 是平均相对分子质量)和 $n-d-v$ 法(v 是黏度)。

经过反复实践,人们找到了石油馏分的结构族组成与 n、d、M 这三个物理常数之间的关系,根据这些关系作出各种列线图。因而实用上只要测得石油馏分的 n_D^{20}[温度为 20℃,钠的 D 线(波长 5890 nm)的折射率]、d_4^{20}(20℃的油与4℃水密度之比)、M(平均相对分子质量),其结构族组成查图即得。

现以求 C_A 的列线图为例(图 2-1)对其用法加以说明。图中有 5 条直线。根据馏分的 d_4^{20} 和 n_D^{20},在左边两条线上找到相应的两点,将其连成直线并延长与第三条线 100V 相交于一点 V。在最右边的线上找到代表馏分平均相对分子质量的 M 点,连接 V 与 M 的直线与 C_A 的直线之交点即为该馏分的 C_A。

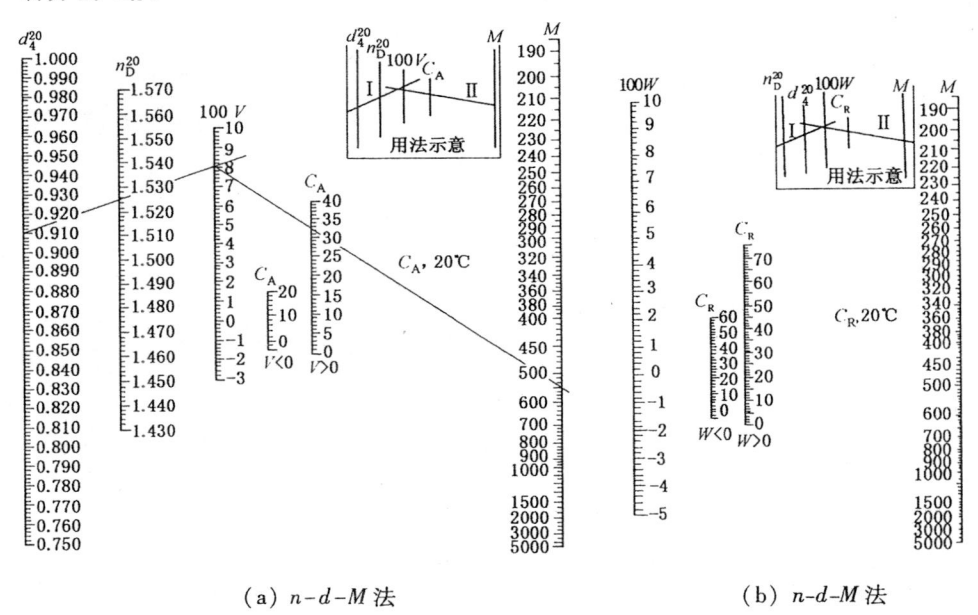

(a) n-d-M 法   (b) n-d-M 法

图 2-1

(c) n-d-M法　　　　　　　　(d) n-d-M法

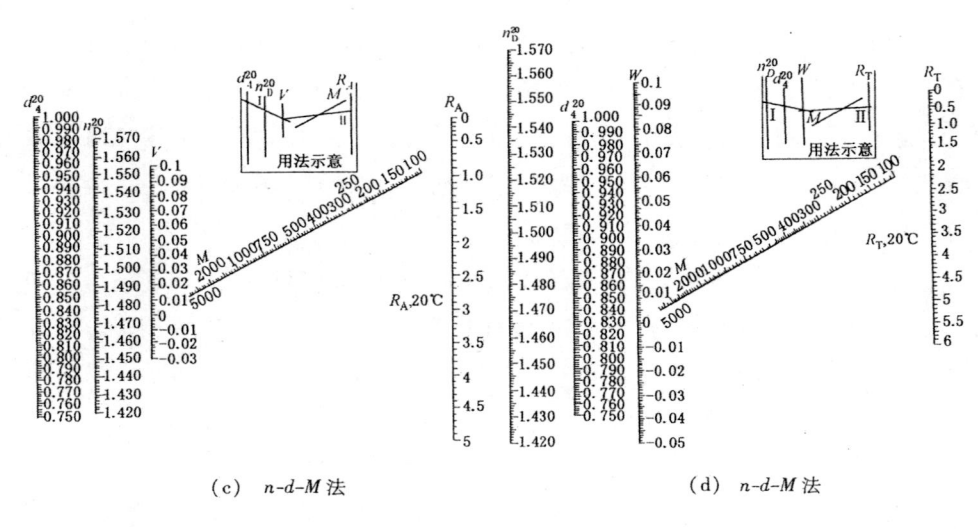

图 2-1　n—d—M 法

n-d-M 法在实用上比较方便，此法的准确性也较高，可以适用于不同种类的石油。但是必须注意到此法的适用范围只限于具有下列条件的石油馏分：①$M>200$，不含不饱和烃；②$R_T\leqslant4$，$R_A\leqslant2$ 或者 $C_R\leqslant75\%$；③$C_A/C_N\leqslant1.5$；④含 $S\leqslant2\%$，含 $N\leqslant0.5\%$，含 $O\leqslant0.5\%$。这些规定是由于作为原始数据来源的石油馏分的范围而定的。目前我国各油田的直馏馏分基本上均能适用。

当馏分的凝点高于 20℃ 时应采用另一组列线图，可参考有关工艺计算图表。

4. 汽油馏分的烃类组成

汽油是沸点低于 200℃ 的馏分，平均相对分子质量为 80～140。天然石油直接蒸馏所得到的汽油称为直馏汽油。

(1) 直馏汽油馏分的单体烃组成。表 2-1 所列为 4 种不同油田所产原油的直馏汽油中主要单体烃所占比例。

表 2-1　4 种原油直馏汽油中主要单体烃所占比例

烃族	单体烃名称	大庆(%) 60~145℃	大港(%) 60~153℃	胜利(%) 初馏~130℃	任丘(%) 初馏~130℃
正构烷烃	正戊烷	0.09	0.39	2.89	5.58
	正己烷	6.33	2.04	6.37	8.91
	正庚烷	13.93	4.42	8.77	8.34
	正辛烷	15.39	8.69	5.40	5.66
	正壬烷	2.17	4.78	—	1.39
异构烷烃	2-甲基戊烷	1.32	0.77	3.67	5.08
	3-甲基戊烷	0.76	0.67	2.68	3.13
	2-甲基己烷	1.40	1.09	2.73	2.57
	3-甲基己烷	1.83	1.25	3.06	2.60
	2-甲基庚烷	2.75	2.38	3.04	3.58
环烷烃	甲基环戊烷	2.72	2.08	6.21	4.26
	环己烷	4.95	2.57	4.35	2.60
	甲基环己烷	11.43	9.18	9.12	5.72
	1-顺-3-二甲基环己烷	3.66	4.62	2.88	2.69
	1-反-4-二甲基环己烷	3.66	4.62	2.88	
芳香烃	苯	0.16	0.80	0.80	0.46
	甲苯	1.05	4.17	4.98	1.66
	对二甲苯	0.28	1.57	0.96	0.22
	间二甲苯	0.92	5.21	0.31	—
	邻二甲苯	0.47	0.86	0.38	
单体烃个数		24	22	21	17
占汽油馏分(%)		71.41	57.56	68.60	64.53

组成汽油馏分的单体烃数目繁多,其含量却彼此相差悬殊,从表 2-1 中所列数据可以看出,仅这几种主要单体烃的含量就占该馏分总量的一半以上。如大庆 60~145℃直馏汽油馏分中,只有 24 种主要单体烃其含量就占该馏分总重量的 71.41%;任丘原油初馏点~130℃汽油馏分中,仅有 17 种主要单体烃其含量已占该馏分的 64.53%。通过大量研究发现,在绝大多数石油的汽油馏分中,都

存在类似情况。在某种程度上将会大大方便我们的研究工作,在实用上也具有重要的意义。

从表 2-1 中数据还可以看出:直馏汽油中含量最多的是 $C_5 \sim C_{10}$ 的正构烷烃及分支较少的异构烷烃;环烷烃中环己烷类含量高于环戊烷类;汽油馏分中芳香烃含量较少,芳香烃中甲苯和二甲苯的含量比苯多。

(2)直馏汽油馏分的族组成。我国几种原油汽油馏分的族组成见表 2-2。

表 2-2 我国几种原油汽油馏分的族组成

沸点范围(℃)	大庆(%) 烷烃	大庆(%) 环烷烃	大庆(%) 芳香烃	胜利(%) 烷烃	胜利(%) 环烷烃	胜利(%) 芳香烃	大港(%) 烷烃	大港(%) 环烷烃	大港(%) 芳香烃	孤岛(%) 烷烃	孤岛(%) 环烷烃	孤岛(%) 芳香烃
0~95	56.8	41.1	2.1	52.9	44.6	2.5	51.5	42.3	6.2	47.5	51.4	1.1
95~122	56.2	39.0	4.3	45.9	49.8	4.3	42.2	47.6	10.2	36.3	59.6	4.1
122~150	60.5	32.6	6.9	44.8	43.6	11.6	44.8	36.7	18.5	27.2	64.1	8.7
150~200	65.0	25.3	9.7	52.0	35.5	12.5	44.9	34.6	20.5	13.3	72.4	14.3

从表 2-2 中可以看出,在汽油馏分中,烷烃和环烷烃占馏分的绝大多数,而芳香烃含量一般不超过 20%。就其分布规律来看,随着沸点的升高,芳香烃含量逐渐增多。

我国原油中汽油的组成不但烷烃含量高,而且环烷烃含量一般都在 40% 左右;国外相当一部分原油中的汽油仅含 20%~22% 的环烷烃。

上述均为直馏汽油馏分的烃族组成,对于二次加工所得汽油,其烃族组成与直馏汽油有很大差异。例如,催化裂化汽油含有大量的异构烷烃,正构烷烃含量比直馏汽油少得多,芳香烃的含量比直馏汽油有显著增加,此外还含有一定量的烯烃。

5.煤油、柴油馏分的烃类组成

煤油一般为 200~300℃ 馏分,柴油一般为 200~350℃ 馏分。它们中的烃类相对分子质量为 200~300,烃类分子中的碳原子数比汽油高,可达 20 个。

在煤油、柴油馏分中,烃类的碳原子数增多,表现在烃类的分子结构更加复杂。除了烷烃只是链上的碳原子数增多外,随着沸点的增加,环烷烃和芳香烃的环数、侧链数也会增多或是侧链增长。

大庆、胜利、孤岛原油的中间馏分油中,大庆油 350℃以下馏分中重芳烃(三环以上)含量极少;而孤岛油 300～350℃ 馏分的重芳烃含量已相当可观(13.21%),孤岛油的特点为中芳烃、重芳烃和非烃含量均较高。

在中间馏分中,随着沸点的升高其芳香环的环数在逐渐增加,同时侧链上碳原子百分数(C_P)也逐渐增加,这说明在中间馏分中,随着沸点升高,侧链上碳原子数的增加比环上碳原子数增加得还要多。

第三节　石油中的非烃化合物

石油中的非烃化合物主要包括含硫、含氮、含氧化合物和胶状沥青状物质。尽管硫、氧、氮元素在天然石油中只占 1%左右,但是硫、氧、氮化合物的含量却高达 10%～20%,尤其在石油重质馏分和减压渣油中的含量更高。这些非烃化合物的存在对于石油的加工工艺和石油产品的使用性能都有很大的影响,所以在炼制过程中要尽可能将它们去除。

一、含硫化合物

石油中的硫含量随原油产地的不同差别很大,其含量从万分之几到百分之几。硫在石油馏分中的分布一般是随着石油馏分沸点的升高而增加,大部分硫集中在重馏分油和渣油中。

石油中的硫化物从整体来说是石油和石油产品中的有害物质,它们给石油加工过程和石油产品使用性能带来不少危害。主要危害如下。

1. 主要危害

(1)腐蚀设备。炼制含硫石油时,各种含硫化合物受热分解均能产生 H_2S,它在与水共存时,会对金属设备造成严重腐蚀。此外,如果石油中含有 $MgCl_2$、$CaCl_2$ 等盐类,它们水解生成 HCl 也是造成金属腐蚀的原因之一。如果既含硫又含盐,则对金属设备的腐蚀更为严重。

石油产品中含有硫化物,在储存和使用过程中同样会腐蚀金属。同时含硫燃料燃烧产生的 SO_2 及 SO_3 遇水后生成 H_2SO_3 和 H_2SO_4 也会对发动机的机件造成严重腐蚀。

(2)使催化剂中毒。在炼油厂各种催化加工过程中,硫是某些催化剂的毒物,会造成催化剂中毒丧失活性,如铂重整所用的催化剂。

(3)影响产品质量。硫化物的存在严重影响油品的储存安定性,使储存和使用中的油品易氧化变质,生成黏稠状沉淀,进而影响发动机或机器的正常工作。

(4)污染环境。含硫石油在炼油厂加工过程中产生的 H_2S 及低分子硫醇等有恶臭的毒性气体,有碍人体健康。含硫油品燃烧后生成的 SO_2 和 SO_3 也会造成环境的污染。

由于含硫化合物存在以上一些危害,故炼油厂常采用精制的办法将其除去。

2. 主要种类

硫在石油中的存在形态已经确定的有:单质硫、硫化氢、硫醇、硫醚、二硫化物、噻吩等类型。这些含硫物质按照性质可分为活性硫化物和非活性硫化物两大类。活性硫化物主要包括单质硫、硫化氢以及硫醇等,它们对金属设备具有较强的腐蚀作用;非活性硫化物主要包括硫醚、二硫化物和噻吩等,它们对金属设备无腐蚀作用,但非活性硫化物受热分解后会变成活性硫化物。

(1)硫醇(RSH)。硫醇主要存在于汽油馏分中,有时在煤油馏分中也能发现。它在石油中含量不多。所有硫醇都有极难闻的臭味,尤其是它的低级同系物。空气中硫醇浓度达 2.2×10^{-12} g/m^3 时,人的嗅觉就可以感觉到,因此可用作生活用气的泄漏指示剂。

当加热到300℃时,硫醇会发生分解生成硫醚,如果温度更高会生成烯烃和硫化氢。如:

$$2C_4H_9SH \xrightarrow{300℃} C_4H_9SC_4H_9 + H_2S$$

$$C_4H_9SH \xrightarrow{500℃} C_4H_8 + H_2S$$

在缓和条件下硫醇会氧化生成二硫化物:

$$2C_3H_7SH \xrightarrow{[O]} C_3H_7SSC_3H_7 + H_2O$$

(2)硫醚(RSR)。硫醚属于中性硫化物,是石油中含量较多的硫化物之一。硫醚的含量是随着馏分沸点的升高而增加的,大部分集中在煤油、柴油馏分中。硫醚的热稳定性和化学稳定性较高,与金属不起作用。但在有硅酸铝存在的情况下,将硫醚加热到300～450℃时,它会发生分解生成硫化氢、硫醇以及相应的烃类。

(3)二硫化物(RSSR)。二硫化物在石油馏分中含量很少,且多集中于高沸点馏分中。二硫化物也属于中性硫化物,其化学性质与硫醚很相似,但热稳定性较差,在加热时很容易分解为硫醇、硫化氢和相应的烃类。

(4)噻吩及其同系物。噻吩及其同系物是原油中的一种主要含硫化合物,一般存在于中沸点和高沸点馏分中。它的化学性质不活泼,热稳定性较高。含有噻吩环的化合物能很好地溶解于浓硫酸中并起磺化作用,人们常利用这一性质从油中除去噻吩。当噻吩与浓硝酸作用时不被硝化而是被氧化生成水、二氧化碳和硫酸。

(5)单质硫和硫化氢。石油馏分中单质硫和硫化氢多是其他含硫化合物的分解产物(在120℃左右的温度下,有些含硫化合物已开始分解),然而也曾从未蒸馏的石油中发现它们。单质硫和硫化氢又可以互相转变,硫化氢被空气氧化可生成单质硫,硫与石油烃类作用也可生成硫化氢及其他硫化物(一般在200～250℃以上已能进行这种反应)。

二、含氧化合物

石油中的氧含量一般为千分之几,通常小于1%,但个别地区石油中的氧含量可高达2%～3%。石油中的氧80%左右存在于胶状沥青状物质中。在石油中,氧元素都是以有机含氧化合物的形式存在的,主要分为酸性含氧化合物和中性含氧化合物两大类。

石油中的酸性含氧化合物包括环烷酸、芳香酸、脂肪酸和酚类等,它们总称为石油酸。中性含氧化合物包括醇、酯、醛及苯并呋喃等,它们的含量非常少。石油中酸性含氧化合物的含量一般用酸值(酸度)来表示,酸性含氧化合物的含量越高,则其酸值就越大。原油的酸值一般不是随着其沸点的升高而逐渐增大,而是呈现出若干个峰值,原油不同其峰值也不同,但是大多数原油在300～450℃馏分存在一个酸值最高峰。

石油中的含氧化合物以酸性含氧化合物为主,其中主要是环烷酸,占石油酸性含氧化合物的90%左右,而脂肪酸、芳香酸和酚类的含量很少。环烷酸虽然对石油加工和产品应用不利,但它却是非常有用的化工产品。原油中环烷酸的含量因原油产地和类型的不同而有所差异,石蜡基原油中的环烷酸含量较低而中间基和环烷基原油中的环烷酸含量较高。

环烷酸是一种难挥发的无色油状液体,相对密度介于 0.93～1.02,有强烈的臭味,不溶于水而易溶于油品、苯、醇及乙醚等有机溶剂中。环烷酸在石油馏分中的分布很特殊,在中间馏分(沸程为 250～400℃)中环烷酸含量最高,而在低沸点馏分及高沸点重馏分中含量都比较低。环烷酸呈弱酸性,当有水存在且升高温度时,它能直接与很多金属作用而腐蚀设备,生成的环烷酸盐留在油品中将促进油品的氧化。含环烷酸高的石油易于乳化,这对石油加工不利。在灯用煤油中含有环烷酸会使灯芯堵塞或结花,因此必须将其除去。

石油中含有少量的酚类多是苯酚的简单同系物。酚具有强烈的气味,呈弱酸性,故石油馏分中的酚可以用碱洗法除去。酚能溶于水,因此炼油厂污水中常含有酚,会污染环境。

◆ 三、含氮化合物

石油中的氮含量不高,通常在 0.05%～0.5%,仅有少部分原油的氮含量超过 0.6%。石油中的氮含量也是随着馏分沸点的升高而迅速增加,大约有 80% 的氮集中在 400℃ 以上的重油中。而煤油以前的馏分中,只有微量的氮化物存在。我国原油含氮量变化范围在 0.1%～0.5%,属于含氮量偏高的原油。

石油中的氮化物可分为碱性和非碱性两类,所谓碱性氮化物是指能用高氯酸($HClO_4$)在醋酸溶液中滴定的氮化物,非碱性氮化物则不能。从石油中分离出来的碱性氮化物主要为喹啉、吡啶及其同系物。非碱性氮化物主要是吲哚、吡咯及其同系物。

在石油加工过程中碱性氮化物会导致催化剂中毒。当油品中氮化物多时,油品储存日期稍久,就会变浑,气味变臭。这是因为氮化物不稳定,与空气接触氧化生胶。研究证明,使焦化汽油变色的主要成分就是含氮化合物。因此,石油及其产品中的氮化物应予以脱除。

◆ 四、胶状—沥青状物质

石油中最重的部分基本上是由大分子的非烃类化合物组成,这些大分子的非烃类化合物根据其外观可统称为胶状—沥青状物质,它们是一些平均相对分子质量很高,分子中杂原子不止一种的复杂化合物。

胶状沥青状物质在石油中的含量,多时为 30%～40%(重质含胶石油),少时也在 5%～10%(轻质石油)。就其元素组成来说,除了碳、氢及氧以外,还有硫、氮及某些金属(如 Fe、Mg、V、Ni 等)。从结构上看,主要是稠环类结构,芳环、芳环—环烷环及芳环—环烷环—杂环结构。它们的挥发性不大,当石油蒸馏时它们主要集中于渣油中。

胶状沥青状物质是各种不同结构的高分子化合物的复杂混合物。由于分离方法和所采用的溶剂不同,所得的结果也不相同。

胶质的分子结构是很复杂的,颜色呈现褐色至暗褐色,是一种流动性很差的黏稠液体,相对密度稍大于 1,平均相对分子质量一般为 1000～2000(蒸汽压平衡法)。它具有很强的着色能力,只要在无色汽油中加入 0.005%的胶质,就可将汽油染成草黄色。可见油品的颜色主要来自胶质。

胶质是一种不稳定的化合物,当受热或氧化时可以转变为沥青质。在常温下,它易被空气氧化而缩合成沥青质。即使在没有空气的情况下,若温度升高到 260～300℃,胶质也能转变为沥青质。若用硫酸处理,胶质很易磺化而溶于硫酸。

胶质是道路沥青、建筑沥青和防腐沥青等的重要组分之一。它的存在提高了石油沥青的延展性。但油品中含有胶质在其使用时会产生炭渣,造成机器零件的磨损和堵塞。因此,在石油产品的精制过程中要脱除胶质。

沥青质一般是指石油中不溶于非极性的小分子正构烷烃而溶于苯的一种物质,它是石油中相对分子质量最大、极性最强的非烃组分。从复杂的多组分系统(石油及渣油等)中分离沥青质,主要是根据不同溶剂对沥青质具有不同的溶解度。因此,溶剂的性质以及分离条件直接影响到沥青质的组成和性质,所以在提到沥青质时必须指明所用的溶剂,如正戊烷沥青质或正庚烷沥青质等。

在石油或渣油中用 C_5～C_7 正构烷烃沉淀分离出的沥青质是暗褐色或黑色的脆性无定形固体。其相对密度相对稍高于胶质,平均相对分子质量为 2000～6000(蒸汽压平衡法),加热不熔融,但当温度升高到 300℃ 以上时,它会分解为焦炭状物质和气态、液态物质。沥青质没有挥发性,石油中的沥青质全部集中在渣油中。

沥青质的宏观结构是胶状颗粒,称为胶粒。胶粒的最基本单元是稠环芳香"薄片",由"薄片"结合成"微粒",又由"微粒"结合成"胶粒"。

胶状—沥青状物质对石油加工和产品使用有一定的影响。灯用煤油含有胶质,容易堵塞灯芯,影响灯芯吸油量并使灯芯结焦,因此灯用煤油要精制到无色。润滑油中含有胶质会使其黏温性能变坏,在自动氧化过程中生成炭沉积,造成机件表面的磨损和细小输油管路的堵塞。作为裂化原料的石油馏分中含有胶质、沥青质,容易在裂化过程中生胶,因此必须对其含量加以控制。

◆ 五、渣油的组成

减压渣油是原油中沸点最高、平均相对分子质量最大、杂原子含量最多、结构最复杂的部分。我国大多数油田的原油中大于 500℃炼油,渣油的产率一般都在 40%～50%。因此,充分利用并合理加工渣油是石油炼制工作者重要的课题之一。

1. 渣油的族组成

目前国内外在初步研究渣油的组成时,常采用将渣油分离成饱和烃、芳香烃、胶质和沥青质的四组分析法。

2. 渣油的结构族组成

由于渣油的平均相对分子质量较大,分子中环数较多而且杂原子含量也较高,因此 $n-d-M$ 法不适用于减压渣油组分。

近年来随着近代分析仪器的发展,借助于核磁共振波谱、红外光谱等一些近代分析手段对渣油组分进行结构族组成分析,同样也能获得类似于 $n-d-M$ 法中的结构参数。这些结构参数可以近似地反映各组分在化学结构上的差异,为渣油的深度加工和利用提供可靠的基础数据。

第四节　石油及其产品的物理性质

石油及其产品的物理性质是评定油品使用质量和控制生产过程的重要指标,同时也是设计和计算石油加工工艺装置和设备的重要依据。

石油及其产品的物理性质与其化学组成有着密切的关系,由于油品是由各种烃类和非烃类组成的复杂混合物,因此,其性质在很大程度上取决于它所含烃类的物理性质和化学性质。换句话说,石油及其产品的理化性质是各种化合物性质的宏观综合表现。由于石油及其产品的组成不易测定,且多数性质不具有可加性,所以对油品的物理性质常采用一些条件性的试验方法来测定,也就是说是使用特定的仪器并按规定的实验条件测定。因此,离开了专门的仪器和规定的条件,所测油品的性质数据就没有意义。

一、蒸汽压

在某一温度下,某种物质的液相与其上方的气相呈平衡状态时所产生的压力称为饱和蒸汽压,简称蒸汽压。蒸汽压的高低表明了液体汽化或蒸发的能力,蒸汽压越高的液体越容易汽化。

蒸汽压是某些轻质油品的质量指标,也是石油加工工艺中经常要用到的数据。例如,计算平衡状态下烃类的气相和液相组成以及不同压力下烃类及其混合物的沸点换算或计算烃类的液化条件等都要以烃类蒸汽压数据为依据。

单一纯的烃类和其他纯液体一样,其蒸汽压随液体的温度和摩尔汽化热的不同而不同。液体的温度越高,摩尔汽化热越小,则蒸汽压越高。而由于石油及其产品不是单一的纯烃类,它是各种烃类复杂混合物,因此蒸汽压因温度不同而不同。某一定量的油品汽化时,系统中的蒸汽和液体的数量比例也会影响蒸汽压的大小。当平衡的气液相容积比增大时,由于液体中轻质组分大量蒸发而使液相组成逐渐变重,蒸汽压也随之降低。

石油馏分的蒸汽压一般可分为两种情况:一种是工艺计算中常用的,汽化率为零时的蒸汽压,即泡点蒸汽压或称之为真实蒸汽压;另一种是汽油规格中所用的雷德蒸汽压。

用雷德蒸汽压测定器测定的蒸汽压称为雷德蒸汽压,其结构见图2-2。规定在38℃时,汽油与汽油蒸汽在测定器中体积比为1∶4的条件下,测出的汽油蒸汽最大压力即为雷德饱和蒸汽压。雷德法是目前世界各国普遍用来测定液体燃料蒸汽压的标准方法,但是测定误差较大。

23

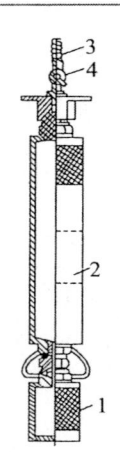

图 2-2 雷德蒸汽压测定器
1—燃料室;2—空气室;3—接头;4—活栓

二、馏分组成与平均沸点

1. 沸程与馏分组成

对于纯化合物,当其饱和蒸汽压和外界压力相等时的温度称为沸点。外压一定时,沸点是一个恒定值,此时汽化在气液界面及液体内部同时进行。如在 101 kPa 下水的沸点为 100℃,乙醇的沸点为 78.4℃,苯的沸点为 80.1℃。

石油产品与纯化合物不同,它的蒸汽压随汽化率不同而变化。所以在外压一定时,油品沸点随汽化率增加而不断增加。也就是说,随着加热逐步提高温度,液相中的较重组分逐渐被汽化,其沸点也会逐渐升高,因此表示油品的沸点应是一个温度范围,称为沸程。在某一温度范围内蒸馏出的馏出物称为馏分。但它仍然还是一个混合物,只不过包含的组分数目少一些。温度范围窄的称为窄馏分,温度范围宽的称为宽馏分。

石油馏分沸程宽窄一般取决于所采用的蒸馏设备,对于同一油样,蒸馏设备的分离精确度越高,其沸程越宽,反之越窄。因此,测定沸程时要说明所用的蒸馏设备和方法。在石油产品的质量控制或原油的初步评价时,常常以馏程来简便地表征石油馏分的蒸发和汽化性能。实验室常用恩氏蒸馏装置(图 2-3)来测定油品的沸点范围。

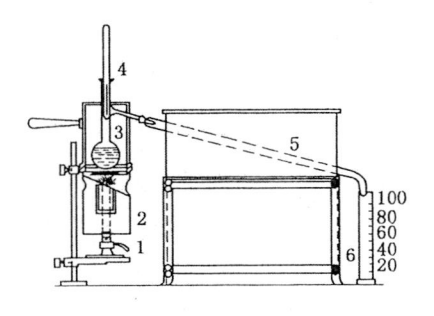

图 2-3 恩氏蒸馏装置

1—喷灯;2—挡风板;3—蒸馏瓶;4—温度计;5—冷凝器;6—接受器

恩氏蒸馏是一种简单的蒸馏装置,它基本不具备精馏作用,随着温度的逐渐升高,得到的是一种组成范围很宽的混合物。当油品进行加热蒸馏时,最先汽化蒸馏出来的是一些沸点低的烃分子。第一滴馏出液从冷凝管滴入量筒时的气相温度称为初馏点。继续加热,烃类分子按其沸点高低逐渐馏出,恩氏蒸馏装置上的温度计指示的温度也逐渐升高,直到沸点最高的烃分子最后汽化出来为止。蒸馏所能达到的最高气相温度称为终馏点或干点。蒸馏完毕后烧瓶中剩余的物质称为残留物(或残渣)。当馏出体积为 10%、20%、30%、40%、50%、…、90%时的气相温度分别称为 10%点、20%点、30%点、40%点、50%点、…、90%点。蒸馏温度与馏出量(体积百分数)之间的关系称为馏分组成。在生产实际中常称初馏点、10%点、20%点、30%点、40%点、50%点、…、90%点、终馏点或干点,这一组数据为油品的馏程。馏程是石油产品蒸发性大小的主要指标,从中既可以看出油品的沸点范围宽窄,又可以判断油品组分的轻重。通过馏程数据可确定加工和调合方案、检查工艺和操作条件,控制产品质量和使用性能。

根据馏程测定数据,以气相馏出温度为纵坐标,以馏出体积分数为横坐标绘图,就可得到油品的恩氏蒸馏曲线。即将恩氏蒸馏所得的初馏点及各个馏出点的温度为纵坐标,以对应的馏出体积百分数为横坐标,绘制成的曲线称为油品的恩氏蒸馏曲线。

馏分常冠以汽油、煤油、柴油、润滑油等石油产品的名称。但必须区别,馏分并不是石油产品,石油产品要满足油品规格要求,还必须将馏分进一步加工或处理,才能得到产品。同一沸程的馏分也可以因目的不同加工成不同产品。各种油品的沸程大致为:汽油 40~200℃,灯用煤油 180~300℃,轻柴油 200~

300℃,喷气燃料130～240℃,润滑油350～520℃,重质燃料油＞520℃。

2. 平均沸点

恩氏蒸馏馏程虽然在原油评价和油品规格上用处很大,但在工艺计算中却不能直接应用,因此引出了平均沸点的概念。严格说来平均沸点并无物理意义,但在工艺计算及求定其他物理常数时却很有用。平均沸点有多种表示法,其求法和用途也各不一样。

(1)体积平均沸点。体积平均沸点是最容易求得的。因为油品恩氏蒸馏的馏出百分数是以体积为单位的,所以将恩氏蒸馏的馏出温度平均值称为油品的体积平均沸点。

$$t_{体} = \frac{t_{10} + t_{30} + t_{50} + t_{70} + t_{90}}{5} \tag{2-1}$$

式中,$t_{体}$——体积平均沸点,℃;

t_{10}、t_{30}、t_{50}、t_{70}、t_{90}——恩氏蒸馏10%、30%…、90%的馏出温度,℃。

体积平均沸点是加权平均值。式(2-1)中每一个馏出温度均代表每馏出20%体积时馏出温度的平均值,即以t_{10}作为馏出0～20%这一段体积时馏出温度的平均值,t_{30}作为馏出20%～40%这一段体积时馏出温度的平均值,其他依次类推。

体积平均沸点主要用于求取其他难以直接求得的平均沸点。

(2)质量平均沸点。当采用图、表求取油品的真临界温度时用质量平均沸点。

油品中各组分的质量分数和相应的馏出温度的乘积之和称为质量平均沸点如式(2-2)所示。

$$t_w = \sum W_i t_i \tag{2-2}$$

式中,t_w——质量平均沸点,℃;

W_i——各组分的质量分数;

t_i——各组分的沸点,℃。

(3)实分子平均沸点。当用图、表求烃类混合物或油品的假临界温度和偏心因数时,需用实分子平均沸点。实分子平均沸点可简称为分子平均沸点。

实分子平均沸点是油品中各组分的摩尔分数和相应的馏出温度乘积之和。对于石油窄馏分,如果沸程只有几十度时,可简略地用恩氏蒸馏50%点温度代替实分子平均沸点,如式(2-3)所示。

$$t_{分} = \sum N_i t_i \qquad (2-3)$$

式中,$t_{分}$——实分子平均沸点,℃;

N_i——各组分的摩尔分数;

t_i——各组分的沸点,℃。

(4)立方平均沸点

用图、表求取油品的特性因数和运动黏度时用立方平均沸点。

立方平均沸点是油品中各组分的体积分数和相应馏出温度的立方根乘积之和的立方,如式(2-4)所示。

$$t_{立} = \left(\sum V_i t_i^{\frac{1}{3}}\right)^3 \qquad (2-4)$$

式中,$t_{立}$——立方平均沸点,℃;

V_i——各组分的体积分数;

t_i——各组分的沸点,℃。

(5)中平均沸点

中平均沸点用于求油品氢含量、特性因数、假临界压力、燃烧热和平均相对分子质量等。

中平均沸点是实分子平均沸点与立方平均沸点的算术平均值,如式(2-5)所示。

$$t_{中} = \frac{t_{分} + t_{立}}{2} \qquad (2-5)$$

式中,$t_{中}$——中平均沸点,℃。

上述五种平均沸点,除了体积平均沸点可根据油品恩氏蒸馏数据直接计算外,其他几种都难以直接计算。因此,通常总是先利用恩氏蒸馏数据求得体积平均沸点,然后再从体积平均沸点利用图、表求出其他各种平均沸点。

平均沸点虽然在一定程度上反映了馏分的轻重,但却不能看出油品沸程的宽窄。例如,一个沸程为 100~400℃ 的馏分和另一个沸程为 200~300℃ 的馏分,它们的平均沸点都在 250℃ 左右。

三、密度和相对密度

原油及其油品的密度和相对密度在生产和储运中有着重要意义。相对密度不单是石油和油品的重要特性之一,也是用来描述油品其他物理和化学性质的一个重要常数,如特性因数、柴油指数等。此外,密度在石油产品计量、炼油厂工艺设计、计算等处经常会用到。在某些产品规格中为了严格控制原料来源及馏分性质,有时对密度也要有一定的要求。由于相对密度与原油或产品的物理性质、化学性质有关,所以可以根据相对密度大致估计出原油的类型。

1. 油品的密度和相对密度

密度是单位体积物质的质量,其单位是 g/cm^3 或 kg/m^3。由于油品的体积会随着温度而发生变化,因此在不同温度下,同一油品的密度也是不相同的,所以应标明温度。油品在 t℃时的密度用 ρ_t 来表示。我国规定油品在 20℃时的密度作为石油产品的标准密度,表示为 ρ_{20}。

物质的相对密度是其密度与规定温度下水的密度的比值,是无因次数。因为水在 4℃时的密度等于 $1.000 \ g/cm^3$,所以通常以 4℃水为基准,将温度为 t℃时的油品密度对 4℃时水的密度之比称为相对密度,常用 d_4^t 来表示,它在数值上等于油品在 t℃时的密度,因此可以说液体油品的相对密度与密度在数值上相等。

我国常用的相对密度是 d_4^{20},国外常用 $d_{60℉}^{60℉}$,若换算为摄氏温度,则用 $d_{15.6}^{15.6}$ 表示。

在欧美各国液体相对密度常以比重指数表示,称为 API 度,它与 $d_{15.6}^{15.6}$ 的关系如下:

$$比重指数(API 度) = \frac{141.5}{d_{15.6}^{15.6}} - 131.5 \qquad (2-6)$$

随着相对密度增大,API 度的数值下降。

2. 液体油品相对密度与温度的关系

温度升高,油品受热膨胀体积会增大,其密度和相对密度都会减小,反之则增大。不同温度下油品的相对密度可按式(2-7)换算。

$$d_4^t = d_4^{20} - \gamma(t - 20) \qquad (2-7)$$

式中,d_4^t——油品在 t℃时的相对密度;

d_4^{20}——油品在 200℃时的相对密度;

γ——油品相对密度的平均温度校正系数,即温度改变 1℃时油品相对密度的变化值;

t——油品的温度,℃。

当温度变化不大时,γ 值只随油品相对密度的不同而有所变化。

3. 油品相对密度与馏分组成和化学组成的关系

油品相对密度取决于组成它的烃类分子大小及化学结构。同一原油的各馏分,随着沸点上升,其相对分子质量增大,相对密度也随之增大。不同沸点范围的石油馏分相对密度各不相同,平均沸点越高,相对密度越大;相同沸点范围的石油馏分相对密度也会因化学组成不同而不相同,一般来说含烷烃高的油品相对密度小,含芳香烃多的油品相对密度大。

若原油性质不同,则相同沸程的两个窄馏分的相对密度会有较大的差别,这主要是由于它们的化学组成不同所致。

碳原子数相同而分子结构不同的烃类具有不同的相对密度。芳香烃的相对密度为最大,环烷烃次之,烷烃最小。

四、黏度和黏温性质

黏度是评定油品流动性的指标,是油品特别是润滑油质量标准中的重要项目之一。在油品流动及输送过程中,黏度对流量、压降等参数起重要作用,因此是工艺计算过程中不可缺少的物理常数。任何真实流体,当其内部分子作相对运动时都会因流体分子间的摩擦而产生内部阻力。黏稠液体比稀薄液体流动困难,这是因为黏稠液体在流动时产生的分子内摩擦阻力较大的缘故。黏度值就是用来表示流体流动时分子间摩擦阻力大小的指标,馏分越重,黏度越大。

1. 黏度的表示方法及换算

油品的黏度常用动力黏度、运动黏度和条件黏度等来表示。

(1)动力黏度(η)。两液体层相距 1 cm,其面积各为 1 cm²,相对移动速度为 1 cm/s 时所产生的阻力叫动力黏度。动力黏度又称绝对黏度,通常用 η 表示。动力黏度的单位为 Pa·s。

有些图表或手册中常用 P(泊)来表示动力黏度,1 P=0.1 Pa·s。

(2)运动黏度。在石油产品的质量标准中,常用的黏度是运动黏度,它是液体的动力黏度(绝对黏度)与同温度、同压力下液体密度的比值。

$$v_t = \frac{\eta_t}{\rho_t} \tag{2-8}$$

式中,v_t——运动黏度,cm²/s;

η_t——动力黏度,g/(mm·s);

ρ_t——t℃时液体的密度,g/mm³。

在炼油工艺计算中广泛采用运动黏度(v)。运动黏度的单位是 mm²/s。油品质量指标中运动黏度的单位常用 cSt(厘斯),1 cSt＝1 mm²/s。

(3)条件黏度。除了上述两种黏度外,在石油商品规格中还有各种条件黏度,如恩氏黏度、赛氏黏度、雷氏黏度等。它们都是用特定仪器在规定条件下测定的。

恩氏黏度是将 200 mL 的油品置于恩氏黏度计中,使其在 t 时通过底部特定尺寸的细孔,所需流出时间与同体积蒸馏水在 20℃时通过同一细孔所需时间的比,此即该油品在 t 时的恩氏黏度。

赛氏和雷氏黏度是在赛氏黏度计和雷氏黏度计中测定油品在 t 时的黏度,也是计量一定体积的油品在 t 时通过规定尺寸的管子所需要的时间,直接用秒数作为黏度的数值而不是比值。在欧美各国常用这类条件黏度。

2. 黏度与温度的关系

温度对液体的黏度有极其重要的影响。温度升高时液体分子的运动速度增大,分子间互相滑动比较容易。同时由于分子间距离增大,分子间引力相对减弱,所以液体的黏度总是随温度的升高而降低。同样油品的黏度也是随着温度的升高而降低,温度的降低而升高,所以使用黏度数值时应标明温度。黏度随温度变化在实用上有着重要的意义。

油品黏度与温度的关系一般用经验式来确定:

$$(v_t+a)^{T^m}=K \tag{2-9}$$

式中,v_t——油品的运动黏度,mm²/s;

a——与油品有关的经验常数;

T——油品的绝对温度,K;

m——随油品性质而定的经验常数;

K——随油品性质而定的经验常数。

将式(2-9)取两次对数后得到:

$$\lg\lg(v_t+a)+m\lg T=\lg\lg K \tag{2-10}$$

令 $\lg\lg K=A, m=B$ 则式(2-10)变为:

$$\lg\lg(v_t+a)=A-B\lg T \tag{2-11}$$

式(2-9)～式(2-11)中与油品有关的经验常数 a，发明者建议用 0.95，国外不少资料上取 0.8。曾对我国 115 个石油产品的油样进行黏度与温度关系的测定，常数 a 取 0.6 较合适。

对于润滑油，其黏度随温度变化的情况是衡量其性质的重要指标。对润滑油来说，希望在温度升高时黏度不要下降太大；而在温度降低时黏度也不过分增高，以保持其润滑性能及冬夏季的通用性，就是说黏度随温度变化的幅度不要过大。

油品黏温性质的表示方法有许多种，目前最常用的有两种，即黏度比和黏度指数。

（1）黏度比。黏度比即采用两个不同温度下的黏度之比来表示油品的黏温性质。常用的黏度比是 50℃与 100℃时运动黏度的比值，但它只能表示 50～100℃间的黏温关系，反映低温下黏度的情况用－20℃与 50℃运动黏度之比来表示。

黏度比越小，说明油品的黏度随温度变化越小，黏温性质越好。这种表示法比较直观，可以直接得出黏度变化的数值。油品黏度大，其黏度随温度的变化就大，因此，黏度比只适用于黏度比较相近的油品的黏温性质，如果两种油品的黏度相差很大，用黏度比就不能判断其黏温性质的优劣。

（2）黏度指数。黏度指数(VI)是衡量润滑油黏度受温度影响变化程度的一个相对比较指标，是目前世界上通用的表征黏温性质的指标，被认为是表示油品黏温性质比较好的方法。此方法是选定两种原油的馏分作为标准，把一种黏温性质较好的油切割成黏度不同的窄馏分，把这一组标准油称为 H 组，黏度指数定为 100；把另一组黏温性质较差的油切割成另一组标准油称为 L 组，黏度指数定为 0，然后测定每一窄馏分在 100℃及 40℃的黏度，在二组中分别选出 100℃黏度相同的两个窄馏分组成一对列成表格（这类数据可参见各类石油炼制及石油化工计算图表集），也可以用下面公式计算：

当黏度指数(VI)为 0～100 时：

$$VI = \frac{L-U}{L-H} \times 100 \tag{2-12}$$

当黏度指数(VI)等于或大于 100 时：

$$VI = \frac{(反对数\ N)-1}{0.0075} + 100 \ (反对数\ N = 10^N) \tag{2-13}$$

$$N=\frac{\lg H-\lg U}{\lg Y}$$

式中,U——试样在40℃条件下的运动黏度,mm²/s;

Y——试样在100℃条件下的运动黏度,mm²/s;

H——与试样100℃时运动黏度相同、黏度指数为100的H标准油在40℃时的运动黏度,mm²/s;

L——与试样100℃时运动黏度相同、黏度指数为0的L标准油在40℃时的运动黏度,mm²/s。

3. 油品的混合黏度

在炼油厂中润滑油等产品常常需要两种或两种以上馏分进行调合后出厂,因此,需要确定油品混合物的黏度。

实践证明油品混合物的黏度没有可加性,相混合的两个油品的组成和性质相差越远,黏度相差越大,则混合后的黏度离可加性也越远,通常比用加和法计算出的黏度要小。工业上计算混合物黏度的方法很多,有很多经验公式和图表,在此不作介绍。

五、临界性质

为了制取更多高质量的燃料油和润滑油等石油产品,常常需要将石油馏分在高温、高压下进行加工。但是在高压状态下,实际气体已不符合理想气体分压定律(道尔顿定律),实际溶液也不符合理想溶液蒸汽压定律(拉乌尔定律),因此,在高压条件下,应用理想气体和理想溶液定律时需要校正,这就要借助于临界性质。

当温度低于某个特定温度,以及压力很高时,任何气体均可变成液体。高于此温度时,不论加多大压力也不能使它变成液体,这个温度就称为临界温度,用 T_c 表示。在临界温度时相应的压力称为临界压力,用 P_c 表示。当温度低于临界温度时升高压力可以将气体变为液体,但是,当温度高于临界温度时,无论加多大压力也不能使气体变为液体。因此,临界温度是纯物质或烃类能处于液体状态的最高温度。在临界点时,气液相界面消失,气相和液相呈浑浊状无法区分。在该点上,气液相转化时,体积不变,也没有热效应,不需要汽化热。纯物质和烃类的临界常数可从有关图表集或手册中查到。

对烃类混合物和石油馏分而言,其临界点的情况要复杂得多。要分析这个问题,需先从二元系在不同温度和压力下的相变化入手。图2-4是含正戊烷

47.6%和正己烷52.4%的二组分混合物的 P-T 图。

图 2-4 中在 BT_AC 线上是液体刚刚开始沸腾的温度,称为泡点线;在 GT_BC 线上是气体刚刚开始冷凝的温度,称为露点线。两曲线之内是两相区。此混合物在某一压力 P_A 下加热,升温至 T_A(在泡点线上)时开始沸腾,但一经汽化液相中正戊烷组分的质量就减少了,为保持饱和蒸汽压仍为 P_A,必须相应地提高液相温度,于是边沸腾边升温,直至达到露点线上的 T_B,混合物才刚好全部汽化。$T_A - T_B$ 是该混合物在压力 P_A 下的沸点范围。泡点线与露点线的交点 C 称为临界点,在 C 点气液两相性质无从区分。但它与纯烃不同,C 点即非气液相所能共存的最高温度,又非气液相所能共存的最高压力点(即 T_1 和 P_1 点)。但是对于纯化合物,这三个点是重合的,如 AC 线上的 C 点。

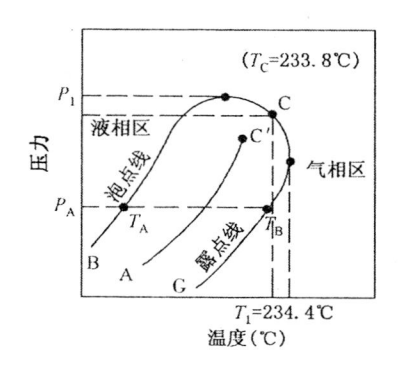

图 2-4 正戊烷-正己烷的 P-T 图

这就是说混合物在高于其临界点的温度下仍可能有液体存在,一直到 T_1 点为止。故 T_1 点的温度称为临界冷凝温度。同样在高于临界点的压力下仍可能有气体存在,一直到 P_1 点为止,故 P_1 点的压力称为临界冷凝压力。

当二组分混合物的组成发生变化,则临界点 C′ 也随混合物组成变化而改变。混合物的临界点 C′ 是根据实验测定的,通常称为真临界温度 T_c 和真临界压力 P_c。

在图 2-4 中,如果用一种挥发度与二元混合物相当的纯烃作蒸汽压曲线 AC,C 点即称为该二元混合物的假临界点(或称虚拟临界点),用 T'_c 与 P'_c 表示假临界点的温度和压力。假临界点是混合物中各组分的临界常数的分子平均值,可按式(2-14)、式(2-15)计算得到:

$$T'_c = \sum X_i T_{ci} \tag{2-14}$$

$$P'_c = \sum X_i P_{ci} \tag{2-15}$$

式中,T_{ci}——混合物中 i 组分的临界温度;

P_{ci}——混合物中 i 组分的临界压力;

X_i——混合物中 i 组分的摩尔分数。

石油馏分尽管比上述二元混合物要复杂得多,但基本情况大致相似。石油馏分也有真临界温度、真临界压力、假临界温度和假临界压力。石油馏分的假临界常数是一个假设值,是为了查阅油品的一些物理常数的校正值而引入的一种特性值,不能用实验方法测得。

石油馏分的真临界常数和假临界常数两者数值不同,在工艺计算中用途也不同。在计算石油馏分的汽化率时常用真临界常数。假临界常数则用于求定其他一些理化性质。

六、热性质

炼油工艺的设计计算离不开各种油品的热性质。最常用的热性质有质量热容、汽化热、焓等。虽然油品的各种热性质可用实验方法确定,但都比较复杂。在工艺计算中,一般都是通过一些经验公式或图表来确定。

1.质量热容

单位质量物质温度升高1℃所吸收的热量,称为该物质的质量热容(也称比热容)。其单位是 kJ/(kg·℃)。

在工艺计算中,通常采用平均质量热容。它是单位质量油品温度由 t_1 升高到 t_2 时,所需要吸收的热量 Q,则油品的平均质量热容 $C_\text{平}$ 为:

$$C_\text{平} = \frac{Q}{t_2 - t_1} \qquad (2\text{-}16)$$

油品的质量热容随温度升高而增大,如在极小的温度范围内($\mathrm{d}t$)加热,可以得到油品在该温度下的真质量热容:

$$C_\text{真} = \frac{\mathrm{d}Q}{\mathrm{d}t} \qquad (2\text{-}17)$$

温度范围越小,平均质量热容越接近于真质量热容。

气体和石油蒸汽的质量热容随着压力及体积的变化而变化,所以,有恒压质量热容与恒容质量热容之分。恒压质量热容 C_p 比恒容质量热容 C_v 大,差值相当于气体膨胀时所做的功。

对理想气体:
$$C_p - C_v = R \qquad (2\text{-}18)$$

式中,R——气体常数,8.314 kJ/(kmol·K)。

烃类的相对分子质量热容随温度和平均相对分子质量的增加而增加。碳原子数相同的烃类中,烷烃质量热容最大,环烷烃次之,芳烃的最小。

石油馏分的质量热容可用查图法或计算法求取。

2. 汽化热

单位质量物质在一定温度下由液态转化为气态所需的热量称为汽化热（也称汽化潜热）用 Δh 表示，单位为 kJ/kg。所谓汽化热是指物质在汽化或冷凝时所吸收或放出的热量，此时并无温度的变化。如果没有特别注明，通常指常压沸点下的汽化热。当温度和压力升高时，汽化热逐渐减小，到临界点时汽化热等于零。

纯烃的汽化热可从有关图表查到。石油馏分可通过计算在该条件下的气相和液相的焓值的差，此差值即为其汽化热。

3. 焓

在炼油工艺设计中广泛地用焓来进行热的计算，因为它比质量热容、汽化热应用起来更为简便。

焓又称热焓，是体系的热力学状态函数之一，通常用符号 H 表示。它是使 1 kg 油品从某一基准温度加热到 t（包括相变化在内）所需要的热量。单位是 kJ/kg。

基准状态是任意选定的，基准状态的压力通常都选用常压，即 101 kPa；基准状态的温度则各不相同，对烃类来说，多采用 $-129℃$，油品热焓的基准温度一般为 $-17.8℃$，而有些常用气体焓的基准温度为 $0℃$。任何一种物质的焓值在基准温度时都人为地定为零，而实际上各种物质（例如，烃类）在同一基准温度的绝对焓值并不是相等的。因此，从焓图查得的焓值不能用来计算化学反应中的热效应。对于物理变化过程，只要基准温度相同，就可以通过焓值的加减来计算过程的热效应，在计算中，任意的基准条件均被相互抵消。

油品的焓值是油品性质、温度和压力的函数。不同性质的油品从基准温度恒压升温至某个温度时所需的热量不同，因此其焓值也不同。在同一温度下，相对密度小及特性因数大的油品具有较高的焓值。在同一温度下，汽油的焓值高于润滑油的焓值，烷烃的焓值高于芳香烃的焓值。压力对液相油品的焓值影响很小，可以忽略，但是压力对气相油品的焓值却有较大的影响，因此对于气相油品，在压力较高时必须考虑压力对焓值的影响。

七、其他理化性质

1. 低温流动性

各种石油产品都有可能在低温下使用，如我国北方的冬季气温可达零下

40℃,室外的机器或部件如发动机在启动前使用温度和气温基本相同,对发动机燃料和各种润滑油就要求有相应的低温流动性能,同时油品的低温流动性对其输送也有重要意义。

油品在低温下失去流动性的原因有两个方面,一是对于含蜡量极少的油品,当温度降低时黏度迅速增加,最后因黏度过高而失去了流动性,变成为无定形的玻璃状物质,这种情况称为黏混凝固;二是对于含蜡较多的油品,当温度降低时油中所含的蜡就会逐渐结晶出来,当析出的蜡逐渐增多形成一个网状的骨架后,将尚处于液体状态的油品包在其中,使整个油品失去了流动性,这种情况称为构造凝固。相应的失去流动性的温度称为凝点(或凝固点)。从上述分析可以看出,所谓凝固即油品失去流动性的状态,实际上并未凝成坚硬的固体,所以凝固一词并不确切。

对于油品来说,并不是在失去流动性的温度下才不能使用,而是在比凝点更高的温度下就有结晶析出,就会妨碍发动机的正常工作。因此,对不同油品规定了浊点、结晶点、冰点、凝点、倾点和冷滤点等一系列评定其低温性能的指标。这些指标都是在特定仪器中按规定的标准方法测定的。

浊点和结晶点:石油在规定条件下冷却,开始呈现浑浊时的最高温度称为浊点。这是由于油品中出现了许多肉眼看不到的微小晶粒,使其不再呈现透明状态,在油品到达浊点后,若将其继续冷却,则出现可肉眼观察到的结晶,此时的最高温度为结晶点。浊点是灯用煤油的质量指标之一,浊点高的灯油在冬季使用时会出现堵塞灯芯现象。

冰点是油料在测定条件下,冷却至出现结晶,再使其升温至所形成的结晶消失时的最低温度。结晶点和冰点之差不超过3℃。

结晶点和冰点主要是用来评定喷气燃料,我国习惯用结晶点,而欧美等国则采用冰点作为质量指标。喷气燃料在低温下使用时,若出现结晶就会堵塞输油管路和滤清器,使供油不足甚至中断,这对高空飞行来说是非常危险的。

凝点和倾点:油品的凝固过程是一个渐变的过程,所以凝点和倾点与测定条件有关。常以油品在试验规定条件下冷却到液面不移动时的最高温度称为凝点。倾点则是油品在试验规定的条件下冷却时,能够继续流动的最低温度,又称流动极限。凝点和倾点都是评定原油、柴油、润滑油、重油等油品低温性能的指标。我国习惯于使用凝点,欧美各国则使用倾点。

前面介绍的浊点、倾点、凝点均可作为评定柴油低温流动性能的指标,但实践证明,柴油在浊点时仍能保持流动,若用浊点作为柴油最低使用温度的指标则过于苛刻,不利于节约能源。倾点是柴油的流动极限,凝点时已失去流动性能,因此,若以倾点或凝点作为柴油的最低使用温度的指标又嫌偏低,不够安全。经过大量行车试验和冷启动试验表明,柴油的最低使用温度是在浊点和倾点之间的某一温度——冷滤点。

冷滤点是指在规定条件下,试油开始不能通过滤清器 20(mL)时的最高温度。冷滤点测定的方法原理是模拟柴油在低温下通过滤清器的工作状况而设计的。

2. 燃烧性能

石油产品绝大多数都用作燃料。油品是极易着火的物质。因此,研究油品与着火、爆炸有关的几种性质如闪点、燃点、自燃点和热值等。这对于石油及其产品的储存、运输、应用和炼制的安全有极其重要的意义。石油产品燃烧放出的热量,更是获得能量的重要来源。

(1)闪点。闪点(或称闪火点)是指可燃性液体(如烃类及石油产品)的蒸汽同空气的混合物在有火焰接近时,能发生闪火(一闪即灭)的最低温度。

在闪点温度下,只能使油蒸汽与空气组成的混合物燃烧,而不能使液体油品燃烧。这是因为在闪点温度下液体油品蒸发较慢,油气混合物很快烧完后,来不及再立即蒸发出足够的油气使之继续燃烧,所以在此温度下,点火只能一闪即灭。

油气和空气的混合气并不是在任何浓度下都能闪火爆炸。闪火的必要条件是:混合气中烃或油气的浓度要有一定范围。低于这一范围,油气不足;高于这一范围,则空气不足,均不能闪火爆炸。因此,这一浓度范围就称为爆炸界限,其下限浓度称为爆炸下限,上限浓度称为爆炸上限。将油品加热时,温度逐渐升高,液面上的蒸汽压也升高,在空气混合气中,油蒸汽的浓度逐渐增加到一定程度就达到爆炸下限,然后再增至爆炸上限。油品的闪点通常都是指达到爆炸下限的温度。而汽油则不同,在室温下汽油的蒸汽压较高。在混合气中其蒸汽浓度已大大超过爆炸上限,只有冷却降低汽油的蒸汽压,才能达到发生闪火时的蒸汽浓度,故测得汽油的闪点是它的爆炸上限时的温度。

油品的闪点与馏分组成、烃类组成及压力有关。油品的沸点越高,其闪点也越高,但只要有极少量轻质油品混入到高沸点油品中,就可以使其闪点显著降低。烯烃的闪点比烷烃、环烷烃和芳香烃的都低。闪点随大气压力的下降而降低。实验表明,当大气压力降低 133.33 Pa 时,闪点约降低 0.033~0.036℃。

测定油品闪点的方法有两种:一为闭杯闪点,即油品蒸发是在密闭的容器中进行的,对于轻质石油产品和重质石油产品都能用这一方法测定;另一为开杯闪点,测定时油蒸汽可以自由地扩散到空气中,一般用于测定重质油料如润滑油和残油等的闪点。同一油品的开杯闪点值比闭杯闪点值高,且油品闪点越高,两者的差别越大。

(2)燃点和自燃点。在油品达到闪点温度以后,如果继续提高温度,则会使闪火不立即熄灭,生成的火焰越来越大,熄灭前所经历的时间也越来越长,当到达某一油温时,引火后所生成的火焰不再熄灭(不少于 5 s)这时油品就燃烧了。发生这种现象的最低温度称为燃点。

(3)自燃点。汽化器式发动机燃料、喷气燃料以及锅炉燃料等的燃烧性能都与燃点是有关系的。测定闪点和燃点的时候需要从外部引火。如果将油品预先加热到很高温度,然后使之与空气接触,则无须引火,油品即可因剧烈的氧化而产生火焰自行燃烧,这就是油品的自燃。能发生自燃的最低温度,称为自燃点。

油品的沸点越低,则越不易自燃,故自燃点也就越高。这一规律似乎与通常的概念——油越轻越容易着火相矛盾。事实上这里所谓的着火,应该是指被外部火焰所引着,相当于闪点和燃点。油越轻,其闪点和燃点越低,但自燃点却越高。

自燃点与化学组成有关。烷烃比芳香烃容易氧化,所以烷烃的自燃点比较低。在同族烃中,随相对分子质量的升高,自燃点降低。

当炼油装置高温管线接头、法兰或炉管等地方漏出热油时,一遇空气往往会燃烧起来而发生火灾,这种现象与油品自燃点有密切关系。我国原油大多数为石蜡基原油,自燃点较低,应特别注意安全。

(4)热值。油品完全燃烧时放出的热量称为热值(或发热量),单位为 kJ/kg。它是加热炉工艺设计中的重要数值,也是某些燃料规格中的指标。

石油和油品主要是由碳和氢组成的。完全燃烧后的主要生成物为二氧化碳和水。依照燃烧后水存在的状态不同,发热值可分为高热值和低热值。高热值又称为理论热值。它规定燃料燃烧的起始温度和燃烧产物的最终温度均为 15℃，并且燃烧生成的水蒸汽完全被冷凝成水，所放出的热量。低热值又称为净热值。它与高热值的区别在于燃烧生成的水是以蒸汽状态存在。因此，如果燃料中不含水分，高、低热值之差即为 15℃ 时其饱和蒸汽压下水的汽化热。

在实际燃烧中，烟囱排出烟气的温度要比水蒸汽冷凝温度高得多，水分并没有冷凝，而是以水蒸汽状态排出。所以在通常计算中，均采用低热值。

组成石油产品的各种烃类的低热值约在 39775～43961 kJ/kg 之间。当碳原子数相同时，各种烃类的热值依烷烃、环烷烃、芳香烃的顺序递减。

3. 溶解性质

(1) 苯胺点。苯胺点是石油馏分的特性数据之一，它也能反映油品的组成和特性。

烃类在溶剂中的溶解度决定于烃类和溶剂的分子结构，两者的分子结构越相似，溶解度也越大，升高温度能增大烃类在溶剂中的溶解度。在较低温度下将烃类与溶剂混合，由于两者不完全互溶而分成两相，加热此混合物，因溶解度随温度升高而增大，当加热至某温度时，两者达到完全互溶，界面消失，此时的温度即为该混合物的临界溶解温度。因此，临界溶解温度低也就反映了烃类和溶剂的互溶能力大，同时也说明了两者的分子结构相似程度高。溶剂比不同时，临界溶解温度也不同。苯胺点就是以苯胺为溶剂，当它与油品按照体积比 1∶1 混合时的临界溶解温度。

在相对分子质量相近的各类烃中，芳香烃的苯胺点最低，且多环芳烃比单环芳烃更低。对同族烃类而言，苯胺点虽随着相对分子质量增大而升高，但是上升的幅度却很小，因此，油品或烃类的苯胺点可以反映它们的组成特性。根据油品的苯胺点可以求得柴油指数、特性因数、相对分子质量等。

(2) 水在油品中的溶解度。水在油品中的溶解度很小，但对油品的使用性能却会产生很坏的影响。原因主要是水在油品中的溶解度随温度而变化，当温度降低时溶解度变小，溶解的水就析出成为游离水。从炼油厂装置中送出的汽、煤、柴油成品的温度往往在 40℃ 左右，储运过程中温度降低时就有游离水析出，这些水大部分沉积在罐底，一部分仍保留在油品中。微量的游离水存在于油品中使油品储存安定性变差，引起设备腐蚀，同时使油品的低温性能（如喷气燃料的结晶点）变差。因此，在生产过程中，应密切注意水在油品中的溶解度随温度变化的问题。

油品的化学组成对水的溶解度是有影响的,一般说来,水在芳香烃和烯烃中的溶解度比在烷烃和环烷烃中的溶解度大;当碳原子数相同时,水在环烷烃中的溶解度又稍低于烷烃。因此,富含环烷烃的喷气燃料馏分,当除去大部分芳香烃后,则对水的溶解度降得很低,低温性能良好。在同一类烃中,随着相对分子质量的增大和黏度增加,水在其中的溶解度减小。

4. 光学性质

石油及油品的光学性质对研究石油的化学组成具有重要的意义。利用光学性质可以单独进行单体烃类或石油窄馏分化学组成的定量测定,或与其他的方法联合起来研究石油宽馏分的化学组成。石油和油品的光学性质中以折射率指标最为重要。

折射率是光在真空中的速度(2.9986×10^8 m/s)和光在介质中的速度之比,其数值均大于 1.0,以 n 表示。

折射率与光的波长、温度有关。光的波长越短,物质越致密,光线透过的速度就越慢,折射率就越大。温度升高,折射率变小。为了得到可以比较的数据,通常以 20℃时,钠的黄色光[波长 5892.6Å(1 Å$=10^{-10}$ m$=0.1$ nm)]来测定折射率,以 n_D^{20} 表示。对于含蜡润滑油,一般测定 70℃时的折射率,用 n_D^{70} 表示。有机化合物在 20℃时的折射率一般为 1.3~1.7。

不同温度下的折射率按下式换算:

$$n_D^t = n_D^{t_0} - \gamma(t - t_0) \tag{2-19}$$

式中,$n_D^{t_0}$——规定温度下的(例如,20℃)折射率;

n_D^t——测定温度下的折射率;

γ——折射率的温度系数,其值大体在 0.0004~0.0006。对于一般油品取 0.0004。

第三章 石油化工生产

第一节 石油化工生产过程

石油的发现、开采和直接利用由来已久,加工利用并逐渐形成石油炼制工业。

一、石油化工生产过程的原料和产品

石油化工是指以石油天然气为原料,生产基本有机化工原料,并进一步合成多种化工产品的工业。其原料来源主要有天然气、炼厂气、液体石油产品或原油。石油产品主要包括各种燃料油(汽油、煤油、柴油等)和润滑油以及液化石油气、石油焦炭、石蜡、沥青等。生产这些产品的加工过程常被称为石油加工。

石油化工产品以炼油过程提供的原料油经进一步化学加工获得。生产石油化工产品的第一步是对原料油和气原料(如丙烷、汽油、柴油等)进行裂解,裂解反应是强烈的吸热反应,因此原料在管式炉(或蓄热炉)中经过700~800℃甚至1000℃以上的高温加热,所得裂解产物通常称为石油化工一级产品,通常称为三烯(乙烯、丙烯、丁二烯)、三苯(苯、甲苯、二甲苯)、一炔(乙炔)、一萘。石油化工的一级产品再经过一系列加工则可得二级产品,如乙醇、丙酮、苯酚等二三十种重要的有机原料。生产石油化工产品的第二步是以基本化工原料生产多种有机化工原料(约200种)及合成材料(塑料、合成纤维、合成橡胶)。

1920年开始以丙烯生产异丙醇——第一个石油化工产品。20世纪,在裂化技术的基础上开发了以制取乙烯为主要目的的烃类水蒸汽高温裂解(简称裂解)技术,裂解工艺的发展为石油化工业提供了大量原料。同时,一些原来以煤为基本原料(通过电石、煤焦油)生产的产品陆续改用石油为基本原料,如氯乙烯等。在20世纪30年代高分子合成材料大量问世。按工业生产时间排序为:

1931年合成氯丁橡胶和聚氯乙烯;1933年高压法合成聚乙烯;1935年合成丁腈橡胶和聚苯乙烯;1937年合成丁苯橡胶;1939年合成尼龙66。第二次世界大战后石油化工技术继续快速发展,1950年开发了腈纶;1953年开发了涤纶;1957年开发了聚丙烯。

二、石油化工生产的基本概念

石油化工生产过程是从石油自然资源出发,经过石油加工过程得到的以碳氢化合物及其衍生物为主的石油产品及基本有机化工原料,再由这些基本有机化工原料合成复杂的下游产品的过程。石油化工生产过程是一个复杂的过程,包含多个工艺过程,多个工艺过程相互联系。为了更好地理解石油化工生产过程,首先应该了解石油化工生产的基本概念。

1. 装置或车间

把多种设备、机器和仪表适当组合起来的加工过程称为生产装置。例如石油烃热裂解装置是由原料油储罐、原料油预热器、裂解炉、急冷换热器、汽包、急冷器、油洗塔、燃油汽提塔、裂解轻柴油汽提塔、水洗塔、油水分离器等设备,鼓风机、离心泵等机器,热电偶、孔板流量计、压力计等仪表和自控器适当组合起来的。

2. 工艺流程

原料经化学加工制取产品的过程,是由单元过程和单元操作组合而成的。工艺流程就是按物料加工的先后顺序将这些单元表达出来。一般书中主要以流程框图和工艺(原理)流程图两种图形表达,以简明反映化工产品生产过程中的主要加工步骤,了解各单元设备的作用、物流方向及能量供给情况。而工厂生产装置的流程图需标明物料流动量、副产物、三废排放量、需要供给或移出的能量、工艺操作条件、测量及控制仪表、自动控制方法等。

第二节 石油化工生产过程的催化剂选择

现代石油化工生产已广泛使用催化剂,在石油化工过程中,催化过程占94%以上,这一比例还在不断增长。采用催化方法生产,可以大幅度降低生产成本,提高产品质量,同时还能合成用其他方法不能制得的产品。石油化工生产过程中,许多重要产品的技术突破都与催化技术的发展有关。没有现代催化科学的发展和催化剂的广泛应用,就没有现代的石油化工。

一、催化剂的基本特征

催化剂是加入化学反应中使化学反应速率明显加快,但在反应前后其自身的组成、化学性质和质量不发生变化的物质。催化剂的作用在于它能与反应物生成不稳定的中间化合物,改变了反应途径,降低了反应的活化能,从而加快反应速率。明显降低反应速率的物质称为负催化剂,但工业上用得最多的是加快反应速率的催化剂。催化剂有以下几个基本特征。

1. 本身不发生改变

催化剂参与了反应,但在反应终了时,催化剂本身未发生化学性质和数量的变化。因此在生产过程中催化剂可以在较长时间内使用。

2. 加快反应速度

催化剂只能缩短达到化学平衡的时间(即加速作用),但不能改变平衡,即当反应体系的始末状态相同时,无论有无催化剂存在,该反应的自由能变化、热效应、平衡常数和平衡转化率均相同。因此催化剂不能使热力学上不可能进行的反应发生,催化剂是以同样的倍率同时提高正、逆反应速率的,能加速正反应速率的催化剂,必然也能加速逆反应速率。因此,对于那些受平衡限制的反应体系,必须在有利于平衡向产物方向移动的条件下来选择和使用催化剂。

3. 具有选择性

催化剂具有明显的选择性,特定的催化剂只能催化特定的反应。催化剂的这一特性在石油化工领域中起了非常重要的作用,因为有机反应体系往往同时存在许多反应,选用合适的催化剂,可使反应向需要的方向进行。对于副反应在热力学上占优势的复杂体系,可选用只加速主反应的催化剂,使主反应在动力学竞争上占优势,达到抑制副反应的目的。

二、催化剂的分类

按催化反应体系的物相均一性可将催化剂分为均相催化剂和非均相催化剂。

均相催化剂是指催化剂与其催化的反应物处于同一种相态(固态、液态或者气态），例如，反应物是气体，催化剂也是一种气体。四氧化二氮是一种惰性气体，被作为麻醉剂。然而，当它在氯气和日光的作用下，就会分解成氮气和氧气。这时，氯气就是一种均相催化剂，它把本来很稳定的四氧化二氮分解成了组成元素的单质。

非均相催化剂是指催化剂与其所催化的反应物处于不同的相态。例如，生产人造黄油时通过固态镍催化剂，能够把不饱和的植物油和氢气两种物料转变成饱和的脂肪。固态镍就是一种非均相催化剂，被它催化的反应物则是液态（植物油）和气态（氢气）。

按反应机理可将催化剂分为氧化还原型催化剂、酸碱催化剂等。按使用条件下的物态可将催化剂分为金属催化剂、金属氧化物催化剂、硫化催化剂、酸催化剂、碱催化剂、配合物催化剂和生物催化剂等。

催化剂有的是单一化合物，有的是配合物或混合物，在石油化工中应用较为广泛的是多相固体催化剂。

三、对催化剂的要求

为了在生产中能更多地得到目的产物、减少副产物、提高产品质量，并具有合适的工艺操作条件，要求催化剂必须具备以下特性。

①具有良好的活性，特别是在低温下的活性。
②对反应过程，具有良好的选择性，尽量减少或不发生不需要的副反应。
③具有良好的耐热性和抗毒性。
④具有一定的使用寿命。
⑤具有较高的机械强度，能够经受开停车和检修时物料的冲击。
⑥制造催化剂所需要的原材料价格便宜，并容易获得。

催化剂要达到上述要求，主要取决于催化剂的化学和物理性能，制备过程中，也必须采用合适的工艺条件和操作方法。

四、催化剂的化学组成

催化剂一般都由活性组分、助催化剂与载体三部分组成。金属、金属氧化物、硫化物、羰基化物、氯化物、硼化物以及盐类都可用作催化剂原料。使用的催化剂常常包括一种以上金属或者盐类。

1. 活性组分(主催化组分)

活性组分指的是对一定化学反应具有催化活性的主要物质,一般称为该催化剂的活性组分或活性物质。例如,加氢用的镍催化剂,其中镍为活性组分。

2. 助催化剂

助催化剂是在催化剂中加入的另一些物质,其本身不具有活性或活性很小,但能改变催化剂的部分性质如化学组成、离子价态、酸碱性、表面结构、晶粒大小等,从而使催化剂的活性、选择性、抗毒性或稳定性得以改善。

例如,脱氢催化剂中的 CaO、MgO 或 ZnO 就是助催化剂。在镍催化剂中加入 Al_2O_3 和 MgO 可以提高加氢活性,但当加入钡、钙、铁的氧化物时,则苯加氢的活性下降。单独的铜对甲醇的合成无活性,但当它与氧化锌、氧化铬组合时,就成为合成甲醇的良好助催化剂。在催化裂化中,单独使用 SiO_2 或 Al_2O_3 作为催化剂时,汽油的生成率较低,如果两者混合作催化剂时,则汽油的生成率可提高。

3. 载体

载体是把催化剂活性组分和其他物质载于其上的物质。载体是催化剂的支架,又称催化活性物质的分散剂。它是催化剂组分中含量最多、不可缺少的组成部分。载体能提高催化剂的机械强度和热传导性,增大催化剂的活性、稳定性和选择性,降低催化剂成本。特别是对于贵重金属催化剂,可显著降低成本。

石油化工生产过程中所用的催化剂,多数属于固体载体催化剂。最常用的载体有 Al_2O_3、SiO_2、分子筛、硅藻土以及各种黏土等。载体有的是微粒子,是比表面积大的细孔物质;有的是粗粒子,是比表面积小的物质。根据构成粒子的状况,可大致分为微粒载体、粗载体和支持物三种。在工业生产中由于反应器形式不同,所以载体具有各种形状和大小。

五、催化剂的物理性质

催化剂的物理性质,如机械强度、形状、直径、密度、比表面、孔容积、孔隙率等都是十分重要的。它不仅影响催化剂的使用寿命,而且还与催化剂的催化活性密切相关。所以一个良好的催化剂,也应该具有良好的物理性质。

1. 催化剂的机械强度

催化剂的机械强度是催化剂的一个重要物理性质。随着石油化工工艺的发展,对催化剂的机械强度提出了更高的要求。如果在使用过程中,催化剂的机械强度不好,催化剂将破碎或粉化,结果导致催化剂床层压降增加,催化效能也会随之下降。

催化剂机械强度的大小与组成催化剂的物质性质、制备催化剂的方法、催化剂的机械强度、催化剂使用时的升温快慢、还原和操作条件以及气流组成等因素有关。

2. 催化剂的比表面积

当以 1 g 催化剂为标准,计算其表面积时,称为催化剂的比表面积,以符号 S_g 表示,单位为 m^2/g。

不同的催化剂具有不同的比表面积,用不同的制备方法制备的催化剂,其比表面积也相差很大。催化剂比表面积的大小与催化剂的活性有关,通常是比表面积越大活性越高,但不成正比例关系,因此催化剂的比表面积只是作为各种处理对催化剂总表面积改变程度的一个参数。

3. 催化剂的孔容积

为了比较催化剂的孔容积,用单位质量催化剂所具有的孔体积来表示。通常以每克催化剂中颗粒内部微孔所占据的体积作为孔容积,以符号 V_g 表示,单位为 mL/g。

催化剂的孔容积实际上是催化剂内部许多微孔容积的总和。各种催化剂均具有不同的孔容积。测定催化剂的孔容积,是为了帮助选定合适的孔结构,以便提高催化反应速率。

4. 催化剂的形状和粒度

在石油化工生产中,所用的固体催化剂有各种不同的形状,常用的有环状、球状、条状、片状、粒状、柱状和不规则形状等。催化剂的形状取决于催化剂的工作环境和反应器类型。例如,烃类蒸汽转化反应是将催化剂装在直径为 10 cm 左右、高 9 m 左右的管式反应器中,为了减少床层的阻力降,将催化剂制成环状。当反应为内扩散控制的气—固相催化反应时,一般将催化剂制成小圆柱状或小球状。

催化剂粒度大小的选择,一般由催化反应的特征与反应器的结构以及催化剂的原料来决定。例如,固定床反应器常用柱状或球状等直径在 4 mm 以上的颗粒催化剂,流化床反应器常用 3～4 mm 或更大粒径的球状催化剂,沸腾床常用直径为 20～150 μm 或更大的微球颗粒催化剂,悬浮床常用直径为 1～2 mm 的球形颗粒催化剂。总之,选择何种粒度的催化剂,既要考虑反应的特征,又要从工业生产实际出发。

5. 催化剂的密度

表示催化剂密度的方式有三种,即堆积密度、假密度与真密度。

(1)堆积密度。堆积密度指单位堆积体积内催化剂的质量,用符号 ρ_0 表示,计算公式为 $\rho_0 = m/V_堆$,单位为 kg/L。堆积体积是指催化剂本身的颗粒体积(包括颗粒内的气孔)以及颗粒间的空隙。催化剂的堆积密度通常都是指催化剂活化还原前的堆积密度。催化剂堆积密度的大小与催化剂的颗粒形状、大小、粒度分布和装填方式有关。

工业生产中常用的测定方法是用一定容器按自由落体方式,放入 1 L 催化剂,然后称量催化剂质量,经计算得其堆积密度。

(2)假密度。取 1 L 催化剂,将对催化剂不浸润的液体(如汞)注入催化剂颗粒间的空隙,由注入的不浸润液体的体积,即可算出催化剂空隙的体积 $V_隙$。1 L 催化剂的质量除以催化剂空隙的体积,则为该催化剂的假密度,用符号 ρ_φ 表示。

$$\rho_\varphi = \frac{m}{V_堆 - V_隙} \tag{3-1}$$

测定催化剂假密度的目的是计算催化剂的孔容积和孔隙率。

(3)真密度。将催化剂(1 L)颗粒之间的空隙及颗粒内部的微孔,用某种气体(如氮)或液体(如苯)充满,用 1 L 减去所充满的气体或液体的体积,即为催化剂的真实体积 $V_真$。用质量除以此体积即为真密度,以符号 ρ_t 表示,单位为 kg/L。

$$\rho_t = \frac{m}{V_真} \tag{3-2}$$

6. 催化剂的寿命

催化剂从开始使用到经过再生也不能恢复其活性的时间,即为催化剂的寿命。每种催化剂都有其随时间变化的活性曲线(生命曲线),通常分为成熟期、不变活性期、衰退期三个阶段,如图 3-1 所示。

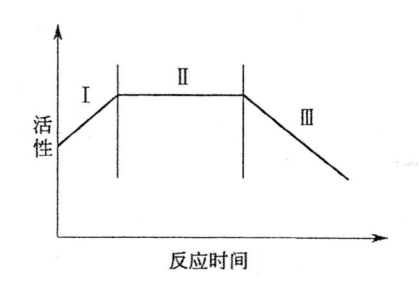

图 3-1 催化剂的活性曲线

Ⅰ—成熟期；Ⅱ—不变活性期；Ⅲ—衰退期

(1)成熟期(诱导期)。一般情况下，催化剂开始使用时，其活性都会有所升高，这种现象可以看成是催化剂的活化。到一定时间即可达到稳定的活性，即催化剂成熟了，这一时期一般并不太长，如图 3-1 中线段Ⅰ所示。

(2)不变活性期(稳定期)。只要遵循最合适的操作条件，催化剂活性在一段时间内基本上稳定，即催化反应将按着基本不变的速率进行。催化剂的不变活性期是比较长的，催化剂的寿命主要指这一时期，如图 3-1 中线段Ⅱ所示。催化剂不变活性期的长短与使用催化剂的种类有关，可以从很短的几分钟到几年，催化剂的不变期越长越好。催化剂的寿命既决定于催化剂本身的特性(抗毒性、耐热性等)，又取决于操作条件，要求在运转操作中选择最适宜的操作条件。

(3)衰退期。催化剂随着使用时间的增长，催化剂的活性将逐渐下降，即开始衰老。当催化剂的活性降低到不能再使用时，必须再生使其活化。如果再生无效，就要更换新的催化剂，如图 3-1 中线段Ⅲ所示。

不同的催化剂，对于这三个时期，无论其性质和时间长短都是各不相同的。催化剂的寿命越长，生产运转周期越长，它的使用价值就越大。但是，对催化剂寿命的要求不是绝对的，如长直链烷烃脱氢的铂催化剂，在活性极高状态下，寿命只有 40 天。对容易再生或回收的催化剂，与其长时期在低活性下操作，不如在短时间内高活性下操作，这样从经济角度来衡量是合理的。

六、催化剂的活性与选择性

1. 活性

催化剂的活性是衡量催化剂催化效能的标准，根据使用的目的不同，催化剂活性表示方法也不一样。催化剂活性的表示方法可一般分为两类：一类是在工业上衡量催化剂生产能力的大小，另一类是供实验室筛选催化活性物质或进行理论研究。

工业催化剂的活性，通常是以单位质量催化剂在一定条件下，在单位时间内所得的生成物质量来表示，其单位为 kg/(kg·h)。工业催化剂的活性，也可用在一定条件下（温度、压力、反应物浓度、空速❶等）反应物转化的百分数（转化率）表示活性的高低。转化率越高，表示催化剂的活性越大。

$$转化率 = \frac{转化了的反应物的物质的量}{通过催化剂床层反应物的物质的量} \times 100\% \qquad (3-3)$$

2. 选择性

当化学反应在理论上可能有几个反应方向（如平行反应）时，通常催化剂在一定条件下，只对某一个反应方向起加速作用，这种性能称为催化剂的选择性。

催化剂的选择性（S）通常以转化为目的产物的原料对参加反应原料的摩尔分数表示。

$$S = \frac{生成目的产物所消耗的原料物质的量}{通过催化剂床层转化的物质的量} \times 100\% \qquad (3-4)$$

七、催化剂的中毒与再生

1. 催化剂中毒

在使用过程中，催化剂的活性与选择性可能由于外来微量物质（如硫化物）的存在而下降，这种现象称为催化剂中毒，外来的微量物质叫作催化剂毒物。催化剂毒物主要来自原料及气体介质，毒物可能在催化剂制备过程中混入，也可能来自其他污染。

催化剂中毒可分为可逆中毒和不可逆中毒两类。当毒物在催化剂活性表面上以弱作用力吸附时，可用简单的方法使催化活性恢复，这类中毒称为可逆中毒，或称暂时中毒。当毒物与表面结合很强、不能用一般方法将毒物除去时，这类中毒称为不可逆中毒，或称永久中毒。

在工业生产中，预防催化剂中毒和使已中毒的催化剂恢复活性是人们十分关注的问题。

---

❶ 单位时间里通过单位催化剂的原料的量。

在一个新型催化剂投入工业生产以前,需给出毒物的种类和允许的最高浓度。对于可逆中毒的催化剂,通常可以用氢气、空气或水蒸汽再生。当反应产物在催化剂表面沉淀时会造成催化剂活性下降,这对于催化剂的活性表面来说只是一种简单的物理覆盖,并不会破坏活性表面的结构,因此只要将沉淀物去掉,就可以使催化剂活性再生。

2. 催化剂再生

催化剂再生是指催化剂在生产运行中,暂时中毒而失去大部分活性时,可采用适当的方法(如燃烧或分解)和工艺操作条件进行处理,使催化剂恢复或接近原来的活性。工业上常用的再生方法有如下几种。

(1)蒸汽处理。如镍基催化剂处理积炭时,用蒸汽吹洗催化剂床层,可使所有的积碳全部转化为氢和二氧化碳。因此,在工业上加大原料中的蒸汽含量,对清除积炭、脱除硫化物等均可收到较好的效果。

(2)空气处理。当炭或烃类化合物吸附在催化剂表面,并将催化剂的微孔结构堵塞时,可通入空气进行燃烧,使催化剂表面上的炭及其焦油状化合物与氧反应。例如,原油加氢脱硫,当铁铜催化剂表面吸附一定量的炭或焦油状物时,活性显著下降。采用通入空气的办法,可将吸附物烧尽,恢复催化剂活性。

(3)氢或不含毒物的还原性气体处理。当原料气体中含氧或氧化物浓度过高时,催化剂受到毒害,通入氢气、氮气,催化剂即可获得再生。加氢的办法,也是除去催化剂中含焦油状物质的一个有效途径。

(4)酸或碱溶液处理。加氢用的骨架镍催化剂中毒后,通常采用酸或碱溶液恢复活性。

催化剂的再生操作可以在固定床、流化床或移动床内进行,再生操作取决于许多因素。当催化剂的活性下降比较慢,例如能允许数月或数年后再生时,可采用固定床再生。对于反应周期短、需要进行频繁再生的催化剂,最好采用移动床或流化床连续再生,如石油馏分流化床催化裂化催化剂的再生。移动床或流化床再生需要两个反应器,设备投资高,操作也较复杂,但这种方法能使催化剂始终保持着新鲜的表面,为催化剂充分发挥催化效能提供了条件。

八、催化剂的使用技术

为了更好地发挥催化剂的作用,除了选取合适的催化剂外,在使用过程中还需要按其基本规律操作。

1. 催化剂的装填方法

催化剂的装填方法取决于催化剂的形状与床层的形式,对于条状、球状、环状催化剂,其强度较差容易粉碎,装填时要特别小心。对于列管床层,装填前必须将催化剂过筛,在反应管最下端先铺一层耐火球和铁丝网,防止高速气流将催化剂吹走。在装填过程中催化剂应均匀撒开然后整平,使催化剂均匀分布。为了避免催化剂从高处落下造成破碎,通常采用装有加料斗的布袋装料,加料斗架于人孔外面,当布袋装满催化剂时缓慢提起,并不断移动布袋,直到最后将催化剂装满为止。不管用什么方法装填催化剂,最后都要对每根装有催化剂的管子进行阻力降测定,以保证在生产运行时每根管子的气量分布均匀。

2. 催化剂的活化

许多固体催化剂在出售时的状态一般是较稳定的,但这种稳定状态不具有催化性能,出厂的催化剂必须在反应前对其进行活化,使其转化成具有活性的状态。不同类型的催化剂要用不同的活化方法,有还原、氧化、酸化、热处理等,每种活化方法均有各自的活化条件和操作要求,应该严格按照操作规程进行活化,才能保证催化剂发挥作用。

催化剂的升温还原活化,实际上是催化剂制备过程的继续,升温还原将使催化剂表面发生不同的变化,如结晶体的大小、孔结构等,其变化直接影响催化剂的使用性能。例如,用于加氢或脱氢等反应的催化剂,常常是先制作成金属盐或金属氧化物,然后在还原性气体下活化(还原)。催化剂的活化,必须达到一定温度后才能进行。铁、铅、镍、铜等金属催化剂一般在 200～300℃下用氢气或其他还原性气体,将其氧化物还原为金属或其低价氧化物。因此,从室温到还原完成,都要对催化剂床层逐渐提升温度。催化剂从室温到还原开始,在外热供应下进行稳定、缓慢的升温,平稳地脱除催化剂表面所吸附的水分(即表面水)。这段时间的升温速率一般控制在每小时 30～50℃。为了使催化剂床层径向温度均匀分布,升温到一定温度时还要恒温一段时间,特别是在接近还原温度时,恒温更显得重要。还原开始后,大多数催化剂放出热量,对于放热量不大的催化剂,一般采用原料气作为还原气,在还原的同时也进行了催化处理。

催化剂升温所用的还原介质气氛因催化剂不同而不同,如氢、一氧化碳等均可作为还原介质。催化剂的还原温度也各不同,每一种金属催化剂都有一个合适的还原温度与还原时间,不管哪种催化剂,在升温还原过程中,温度必须均匀地升降。为了防止温度急剧升降,可采用惰性气体(氮气、水蒸汽等)稀释还原介质,以便控制还原速率。还原时一般要求催化剂层要薄,采用较大的空速,在合适的较低的温度下还原,并尽可能在较短的时间内得到足够的还原度。

催化剂经还原后,在使用前不应再暴露于空气中,以免发生剧烈氧化反应引起着火或失活。因此,还原活化通常就在催化剂反应的床层中进行,还原以后即在该反应器中进行催化反应。已还原的催化剂,在冷却时常常会吸附定量的活性状态的氢,这种氢碰到空气中的氧就能产生强烈的氧化作用,引起燃烧。因此,当停车检修时,常用纯氮气充满反应器床层,以保护催化剂不与空气接触。

3. 催化剂储存

石油化工生产用的许多催化剂都是有毒、易燃的物质,并且具有吸水性,一旦受潮,其活性会降低。因此,对未使用的催化剂一定要妥善保管,要做到密封储存、远离火源且放在干燥处。在搬运、装填、使用催化剂时也要加强防护,并轻装轻卸,防止破碎。

由于催化剂活化后在空气中常容易失活、有些甚至自燃,所以催化剂常在尚未活化的状态下包装成商品。商品催化剂多装于圆形容器中,包装质量为10~100 kg,此外要注意防潮,且保证在80℃以下不会自燃。

第三节 石油化工生产过程的工艺流程

一、石油化工生产过程的构成

石油化工生产过程即石油化工技术或石油化学生产技术,是指将原料物主要经过化学反应转变为产品的方法和过程。

石油化工生产过程一般可概括为三个主要步骤:原料预处理、化学反应和产品分离精制。图3-2给出了石油化工生产过程的构成。

1. 原料预处理

原料预处理过程即为生产准备过程(原料工序),为了使原料符合化学反应所要求的状态和规格,根据具体情况,不同的原料需要经过净化、破碎、筛分、提浓、混合、乳化或粉碎(对固体原料)等多种不同的预处理。

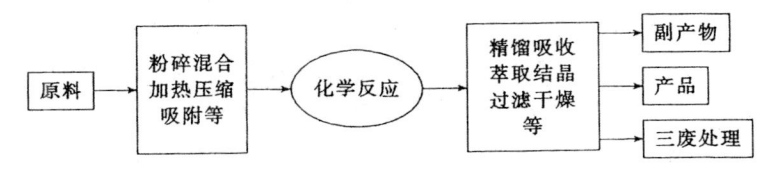

图 3-2 石油化工生产过程的构成

2. 化学反应

化学反应即反应过程,这是生产的关键步骤。经过预处理的原料,在一定的温度、压力等条件下进行反应,以达到所要求的反应转化率和收率。反应类型是多样的,可以是氧化、还原、复分解、磺化、异构化、聚合、焙烧等。通过化学反应,获得目的产物或其混合物。

3. 产品分离精制

产品分离精制过程包括产物的分离、未反应物料的回收,以及目的产物的后加工过程。

(1) 产物的分离。分离过程不仅指反应生成的产物从反应系统分离出来,进行精制、提纯,得到目的产物的过程,还包括将未反应的原料、溶剂以及随反应物带出的催化剂、副产物等分离出来的过程。分离过程应尽可能实现原料、溶剂等物料的循环使用。分离精制的方法很多,常用的有冷凝、吸收、吸附、冷冻、蒸馏、精馏、萃取、膜分离、结晶、过滤和干燥等。对于不同生产过程,可采用不同的分离精制方法。

(2) 未反应物料的回收。回收过程是对反应过程生成的副产物,或一些少量的未反应原料、溶剂以及催化剂等物料设有必要的精制处理以回收使用的过程。因此要设置一系列分离、提纯操作,如精馏、吸收等。

(3) 产物的后加工。后加工过程的目的是将分离过程获得的目的产物按成品质量要求进行必要的加工制作、储存和包装出厂的过程。

在石油化工生产过程中,为回收能量而设的过程(如废热利用)、为稳定生产而设的过程(如缓冲、稳压、中间储存)、为治理"三废"而设的过程(如废气焚烧)以及产品储运过程等虽然属于辅助过程,但也不可忽视。

石油化工生产过程通常包括多步化学反应转化过程,因此除了起始原料和最终产品外,尚有多种中间产物生成,原料和产品也可能是多个。因此石油化工生产过程虽然是上述步骤相互交替,但是以化学反应为中心,将反应与分离有机地组织起来。

二、工艺流程的组织原则与评价方法

1. 石油化工生产工艺流程

石油化工生产工艺流程指由若干个单元过程(反应过程和分离过程、动量和热量的传递过程等)按一定顺序组合起来,完成从原料变成为目的产品的生产过程。石油化工生产工艺流程的组织是确定各单元过程的具体内容、顺序和组合方式,并以工艺流程图解的形式表示出整个生产过程。

每一个化工产品都有自己特有的工艺流程。即便是同一种产品,由于选定的工艺路线不同,工艺流程中各个单元过程的具体内容和相关联的方式也可能不同。此外,工艺流程的组成也与其实施工业化的时间、地点、资源条件、技术条件等有密切关系。但是,如果对一般化工产品的工艺流程进行分析、比较之后,发现组成整个流程的各个单元过程或工序所起的作用有共同之处,即组成流程的各个单元的基本功能具有一定的规律性。

2. 石油化工生产工艺流程评价的目的

对石油化工生产工艺流程进行评价的目的是根据工艺流程的组织原则来衡量被考察的生产过程是否达到最佳效果。对新设计的工艺流程,可以通过评价,不断改进,不断完善,使之成为一个优化组合的流程;对于既有的产品工艺流程,通过评价可以清楚该工艺流程有哪些特点,存在哪些不合理或可以改进的地方,与国内外相似工艺过程相比,又有哪些技术值得借鉴等,由此确立改进工艺流程的措施和方案,使其得到不断优化。

3. 石油化工生产工艺流程评价的原则

石油化工生产工艺流程的评价标准不仅是技术上先进、经济上合理、安全上可靠,而且还应是符合国情、切实可行的。因此,评价和组织工艺流程时应遵循以下原则。

(1)物料及能量的充分利用原则。①尽量提高原料的转化率和主反应的选择性。为了达到此目的,应采用先进的技术、合理的单元操作、安全可靠的设备,选用最适宜的工艺条件和高效催化剂。②充分利用原料。对未转化的原料应采用分离、回收等措施循环使用以提高总转化率。副反应物也应当加工成副产品。对采用的溶剂、助剂等也应建立回收系统,减少废物的产生和排放。对废气、废液(包括废水)、废渣等应考虑综合利用,以免造成环境污染。③认真研究换热流程及换热方案,最大限度地回收热量。尽可能采用交叉换热、逆流换热等优化的换热方案,注意安排好换热顺序,提高传热效率。④注意设备位置的相对高低,充分利用位能输送物料。如高压设备的物料可以自动进入低压设备,减压设备可以靠负压自动抽入物料,高位槽与加压设备的顶部设平衡管可有利于进料等。

(2)工艺流程的连续化和自动化原则。对大批量生产的产品,工艺流程宜采用连续操作,且设备大型化和仪表自动化控制,可以提高产品产量,降低生产成本;对精细化工产品以及小批量、多品种产品的生产,工艺流程应有一定的灵活性、多功能性,以便于改变产量和更换产品的品种。

(3)对易燃易爆因素采取安全措施原则。对一些因原料组成或反应特性等因素而存在的易燃、易爆等危险性,在组织流程时要采取必要的安全措施。可在设备结构上或适当的管路上考虑安装防爆装置,增设阻火器、保安氮气等。另外,工艺条件也要做相应的严格规定,安装自动报警系统及联锁装置以确保安全生产。

(4)合理的单元操作及设备布置原则。要正确选择合适的单元操作,确定每一个单元操作中的流程方案及所需设备的形式,合理安排各单元操作与设备的先后顺序。要考虑全流程的操作弹性和各个设备的利用率,并通过调查研究和生产实践来确定弹性的适宜幅度,尽可能使各台设备的生产能力相匹配,以免造成浪费。

根据上述工艺流程的组织原则,就可以对某工艺流程进行综合评价。主要内容是根据实际情况讨论该流程有哪些地方采用了先进的技术并确认其合理性;论证流程中有哪些物料和热量充分利用的措施及其可行性;工艺上确保安全生产的条件等流程具有的特点。此外,也可同时说明因条件所限还存在的有待改进的问题。

第四章　原油预处理和原油蒸馏

原油是极其复杂的混合物，必须经过一系列加工处理，才能得到多种有用的石油产品。原油蒸馏是目前原油加工中必不可少的第一道工序，首先要把原油分割为不同沸点范围的馏分或半成品，再进一步加工利用。因此，原油蒸馏通常又称之为原油的初馏。由于原油中含有杂质，在蒸馏前还需要进行原油的预处理。

第一节　原油的预处理

石油在地下往往是与水同时存在的，而且在开采过程中注水等原因，所以原油一般都含有水分，并且这些水中都溶有钠、钙、镁等盐类。各地原油的含水、含盐量有很大的不同，其含水量与油田的地质条件、开发年限和强化开采方式有关。通常，在油田原油要经过脱水和稳定，可以把大部分水及水中的盐脱除，但仍有部分水不能脱除，因为这些水是以乳化状态存在于原油中，原油含盐含水会给原油运输、储存、加工和产品质量带来危害。因此，即使是处理含盐含水量较低的原油，在原油蒸馏之前也必须再一次进行脱盐、脱水。

一、原油含水、含盐的影响

原油含水过多会造成蒸馏塔操作不稳定，严重时甚至造成冲塔事故，同时含水多会增加热能消耗，也会增大冷却器的负荷和冷却水的消耗量。如原油含水增加1%，由于额外多吸收热量，可使原油换热温度降低10℃，相当于加热炉热负荷增加5%左右。

原油中的盐类一般溶解在水中，这些盐类的存在对加工过程危害很大。主要表现在：

1. 降低传热效果

在换热器和加热炉中,随着水的蒸发,盐类会沉积在管壁上形成盐垢,导致传热效率降低,增大流动压降,严重时甚至会堵塞管路导致停工。

2. 造成设备腐蚀

$CaCl_2$ 和 $MgCl_2$ 水解生成具有强腐蚀 HCl,如果系统又有硫化物存在,则腐蚀会更严重。如以 $MgCl_2$ 为例:

$$MgCl_2 + 2H_2O \rightleftharpoons Mg(OH)_2 + 2HCl$$

$$Fe + H_2S \rightleftharpoons FeS + H_2$$

$$FeS + 2HCl \rightleftharpoons FeCl_2 + H_2S \uparrow$$

3. 影响产品质量

原油中的盐类在蒸馏时,大多残留在渣油和重馏分中,将会影响石油产品的质量。根据上述原因,目前国内外炼油厂要求在加工前,原油含水量要求在 0.1%~0.2%,含盐量要求在 5~10 mg/L。

近年来随着原油加工深度的提高(为了从原油中获得更多的轻质产品),重油催化裂化以及催化重整、加氢裂化等临氢工艺技术的开发和广泛应用,原油脱盐已经不仅仅是为了防腐,而且成为对后续加工工艺所用催化剂免受污染的一种保护手段。实验数据证明,脱除氯化物的同时还能脱除如镍、钒、砷(包括其中的钠)等对催化裂化、加氢裂化、催化重整等催化剂的有害毒物,而且一般是脱盐深度越深,残存的有害物质越少。现在的深度脱盐已经要求脱后原油含盐<3 mg/L 或 Na<1 mg/L。

二、原油脱水、脱盐原理

原油中的盐大部分溶于所含水中,故脱盐脱水是同时进行的。一般认为 95% 的原油属于稳定的油包水型乳化液。为了脱除悬浮在原油中的盐粒,在原油中注入一定量的新鲜水(注入量一般为 5%)充分混合,然后在破乳剂和高压电场的作用下,使微小水滴逐步聚集成较大水滴,借重力从油中沉降分离,达到脱盐脱水的目的,这通常称为电化学脱盐脱水过程。

1. 乳化作用

原油乳化液通过高压电场时,在分散相水滴上形成感应电荷,带有正、负电荷的水滴在作定向位移时,相互碰撞而合成大水滴,加速沉降。水滴直径愈大,原油和水的相对密度差越大,温度越高,原油黏度越小,沉降速度越快。在这些因素中,水滴直径和油水相对密度差是关键。当水滴直径小到使其下降速度小于原油上升速度时,水滴就不能下沉,而随油上浮,达不到沉降分离的目的。原油中含的盐类除少量以晶体状态悬浮在油中以外,大部分的盐溶于水中,形成盐水为分散相、油为连续相的油包水型乳化液。把水分散到油中形成许许多多微小水滴,由于具有很大的界面能,这种体系是不稳定的。原油中的环烷酸、沥青质和胶质等是天然的乳化剂。油中的乳化剂向油水界面移动并引起油相表面张力降低而使该体系稳定。随着时间的延长及输送过程条件的影响,促使油水界面处的乳化膜变厚,增大原油脱水脱盐的难度。为了破坏这种稳定的乳化液,通常需要依靠化学物质、电场以及重力等多种因素的作用,最终使水滴聚结、沉降达到油水分离的目的。

重力沉降是分离油、水的基本方法。原油中的水滴(或含盐水滴)与油的密度不同,可以通过加热、静置使之沉降分离,其沉降速度可用斯托克斯(Stokes)公式计算。

$$u = \frac{d^2(\rho_w - \rho) \cdot g}{18\mu} \tag{4-1}$$

式中,u——水滴沉降速度,m/s;

d——水滴直径,m;

ρ_w——水(或盐水)密度,kg/m³;

ρ——油密度,kg/m³;

g——重力加速度,9.81 m/s²;

μ——油的黏度,Pa·s。

由式(4-1)可看出水滴直径增大,油、水间密度差增加,油黏度降低都能提高水滴的沉降速度。温度升高使原油黏度减小,一般情况下也使水与油的密度差增大。加热温度的高低视不同原油而异,通常为80~120℃,但对重质原油温度可以高些。研究表明,一般超过140℃后沉降速度的增长值开始降低。采取电脱盐工艺时,原油乳化液的电导率随温度升高而增加,电耗也随之而增大。不同的原油其变化规律不同,但一般来说大于120℃时电耗急剧增加。为了防止轻组分和水分的汽化以及汽化时引起油层搅动影响水滴沉降,脱水过程要在保持压力下进行,其操作压力应比原油在脱水温度下的饱和蒸汽压大150~200 kPa。

2. 破乳剂的作用

要使原油中水滴直径增大,利于沉降分离,就需要破坏微小水滴的乳化膜并促使其聚合。破乳剂也是一种表面活性物质,但与原油中乳化剂类型相反。破乳剂通过下述作用而破乳。

随着原油的不断开采,原油含水量将逐渐上升,这种油水混合液经过喷油嘴、集输管道逐渐形成比较稳定的油水乳状液。而原油进入炼油厂和污水回注,都对原油残水量和污水含油量有相关的要求,需要对乳化原油进行破乳脱水。原油破乳剂是油田和炼油厂必不可少的化学药剂之一,对减轻设备结垢和腐蚀、降低能耗、提高产品质量有明显效果。

(1)对油水界面有强烈的趋向性。由于乳化剂早已在乳化液中,又往往集中在油水界面上,所以,破乳剂必须具有能迅速穿过液相并和乳化剂竞争夺取界面位置的能力。

(2)使水滴絮凝。聚集在水滴表面位置的破乳剂能强烈吸引其他水滴,使许多小水滴汇聚在一起,像一大堆"鱼卵"。

(3)使水滴聚结。破乳剂能够破坏包围水滴的乳化膜并使水滴结合,迅速增大利于油水分离。

(4)湿润固体。大多数原油中都含有硫化铁、污泥、黏土和石蜡等固体颗粒,它们往往聚集在界面上增加乳化液的稳定性。破乳剂应能使之分散在油中或被水湿润同水一起脱除。

3. 破乳剂的类型

油包水乳化原油的破乳剂,从 20 世纪 20 年代开始使用至今已发展了三代。近些年来,为了寻求快速高效的破乳剂,有人研究出了超高相对分子质量的高效破乳剂,试验证明超高相对分子质量的破乳剂具有惊人的脱水速度,将几十毫克每升的该破乳剂加到乳化原油中,搅拌 1~10 min,就可脱出 90% 以上的水,从而把破乳剂的应用研究推向了一个崭新的阶段。

一次采油、二次采油采出的乳化原油属油包水型,油包水乳化原油破乳剂种类繁多,按表面活性剂的分类方法可分为:阴离子型、阳离子型、非离子型、两性离子型破乳剂等。

(1)阴离子型破乳剂。20 世纪 20 年代至 30 年代为解决水包油型原油乳状液的破乳,开发了第一代阴离子型破乳剂,主要是低分子阴离子型表面活性剂,如脂肪酸盐、环烷酸盐、烷基磺酸盐、烷基芳基磺酸盐等。另外,这类破乳剂还有聚氧乙烯脂肪醇硫酸酯盐等。这些破乳剂虽然价格便宜、有一定的破乳效果,但它们存在着用量大、效果差、易受电解质影响而减效等缺点。

(2)阳离子型破乳剂。主要用于油包水型原油乳状液破乳,季铵盐型对稀油有明显效果,但不适合稠油及老化油。现多用它作为破乳辅助剂。

(3)非离子型破乳剂。20世纪40~50年代又开发了第二代低相对分子质量的非离子型破乳剂,如Peregal型、OP型和Tween型。这一代破乳剂虽能耐酸、耐碱、耐盐,但破乳剂用量还很大。其中聚氧乙烯烷基酚醚是最常用的一类破乳剂,在聚合过程中通过适当调节聚合物的相对分子质量,即可按不同性能要求制得多种产品,而不像阴离子及阳离子产品,必须不断变换憎水基与亲水基原料,才能适应各种不同的应用要求。60年代至今开发第三代高相对分子质量的非离子型破乳剂,如Dissolvan 4411、SP型、AE型、AP型等,优点是用量少、效果好,缺点是专一性强、适应性差。

4. 电场的作用

利用电场破坏稳定乳化膜是一个有效方法。原油乳化液通过高压电场时,其中的水滴被感应带电荷形成偶极,它们在电力线方向上呈直线排列,电吸引力使相邻水滴靠近,接触并促使其聚结如图4-1所示。两个同样大小水滴在高压电场中的偶极聚结作用力为:

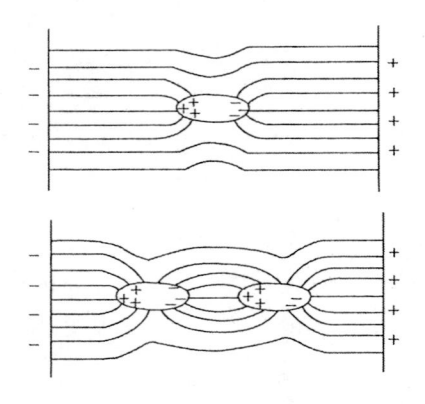

图 4-1 高压电场中水滴的偶极聚结

$$F = 6KE^2R^2\left(\frac{R}{L}\right)^4 \qquad (4-2)$$

式中,F——偶极聚结力,N;

K——原油介电常数,F/m;

E——电场强度,V/cm;

R——水滴半径,cm;

L——两水滴间中心距离,cm。

从式(4-2)可以看出 R/L 是影响聚结力的最重要因素。R/L 值与分散相在乳化液中的百分含量的立方根成正比。从表 4-1 所列数据可见,当乳化液中含水只有 0.1% 时,R/L 值为 1/16,其聚结力太小,即使施加电场也很难再脱除,因此,脱后原油含水约为 0.1%~0.2%。为了进一步降低原油中含盐量,此时应加入新鲜水稀释盐浓度并使分散相含量增加再次聚结脱除。

表 4-1　偶极聚结力与乳状液组成的关系

浮状液中分散相的近似含量(%)	R/L 比值	对应的偶极聚结力 F
7	1/4	F
2	1/6	$F/5$
1	1/8	$F/16$
0.1	1/16	$F/256$

原油电脱盐可采用交流或直流电源,两者的脱盐效果并无显著差别,为方便起见,通常使用工业低频的交流电源。除上述偶极聚结外,在直流电场中尚有电泳聚结作用,交流电场中尚有电振荡作用。

从式(4-5)还可看出聚结力与电场强度 E 的平方成正比,但不是说为了加速水滴的聚结就可以无限地增大电场强度。在水滴聚结作用的同时,高压电场还会引起水滴的分散作用。研究表明,水滴在电场作用下变成椭圆球体。随着电场强度的升高,椭球的偏心率逐渐变大。当电场强度超过某一临界值后,水滴两端就变尖,甩出极微小的小水滴。

5. 破乳剂的发展现状

破乳剂今后发展的趋势是多成分的复配使用,复配的表面活性剂具有用药量少、破乳温度低、脱水速度快、脱后净化油、污水质量好、节约能源等优点。目前油田使用复配破乳剂的现象十分普遍,在这一领域进行了大量的研究工作。

我国对原油破乳剂的研发起步比较晚,它是随着我国石油工业的发展而发展起来的。20 世纪 60 年代以前我国原油破乳剂主要依赖于进口,60 年代中期开始成长,60 年代末到 80 年代中达到高峰。目前,我国已有高分子非离子表面活性剂、聚氨酯类、两性离子聚合物等原油破乳剂得到研发,已自行研制生产并投入使用的破乳剂已超过 200 个牌号。

综上所述,加入适量的破乳剂并借助电场的作用,使微小水滴聚结成大水滴,然后利用油、水密度差将水从原油中沉降脱除,此即常用的电-化学脱盐、脱水过程。

三、原油二级电脱盐工艺

常见减压蒸馏装置一般采用二级电脱盐,根据装置运行需要可选用串联和并联两种操作方式。原油经原油泵引入电脱盐装置后与热源换热,通过特定的混合设备提高原油与注水、破乳剂的混合效果。在电脱盐装置中,原油中的水在电场力的作用下沉降分离,脱水的同时脱除溶解在水中的盐类。电脱盐装置工艺流程如图 4-2 所示。

电脱盐技术有低速电脱盐和高速电脱盐两种。20 世纪 90 年代,美国 PETROLITE 公司开发的高速电脱盐技术具有技术先进、脱水、脱盐效率高(单级脱盐率可达 95%)、单罐处理能力大、电耗低、占地少等优点,应用前景广阔。目前,世界上已经有 100 多套电脱盐装置采用了该技术。

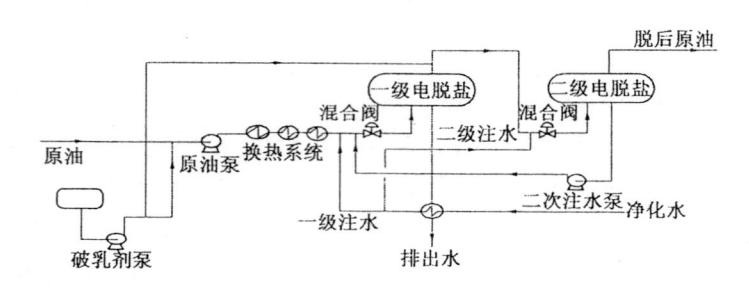

图 4-2 电脱盐装置工艺流程

高速与低速电脱盐技术的区别在于:①进料位置不同,高速电脱盐的进料位置在电极板之间的两个强电场的油相而不是在水相,避免了原油流动对水及杂质的垂直沉积影响,降低了油品携带水分的可能性,同时可实现油相与水相的快速分离;②原油进料分配管采用特殊喷头形式,电脱盐罐的处理能力不取决于油品在电场中的停留时间,而取决于喷头的能力。

图 4-3 为高速电脱盐设备简图。高速电脱盐罐内设置 4 层水平电极板。其中 1 层电极板接地,2~4 层电极板送电,整个电脱盐罐内形成 1 个弱电场、2 个

强电场和1个高强电场。由于电脱盐罐的上部乳化液含水少,电导率低;下部乳化液含水多,电导率高,因此,按水滴的分布状况将电场自下而上设计成强度逐渐增强的梯度电场。与交流电脱盐设备和交直流电脱盐两种设备相比,高速电脱盐设备具有处理量大、占地面积小、电耗低等优点。

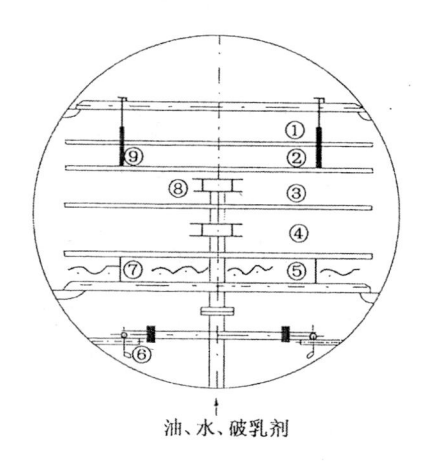

图 4-3 高效电脱盐设备

①—第一层电极级;②—第二层电极级;③—第三层电极级;④—第四层电极级;⑤—油水界面;⑥—反冲洗系统;⑦—绝缘支撑;⑧—双层喷嘴进油分布器;⑨—绝缘吊挂

影响原油脱盐效果的因素,除了原油性质、操作温度、压力、破乳剂品种及其用量等以外,还应考虑下述几个方面的问题。

1. 电场强度

它是脱盐过程的重要参数,其值可按式(4-3)计算:

$$E=\frac{U}{b} \tag{4-3}$$

式中,E——电场强度,V/cm;

U——极板间电压,V;

b——极板间距离,cm。

试验证明当电场强度低于 200 V/cm 时没有任何破乳效果,高于 4800 V/cm 时就容易发生电分散作用。况且电消耗量与电场强度的平方值成正比,提高电场强度电耗急剧增加。各种原油都有其合适的脱盐电场强度,对国内原油推荐值为 700~1000 V/cm。

2. 原油在强电场内的停留时间

时间过短将影响水滴的聚结,但时间过长则增大电耗而且易于产生电分散作用。合适的停留时间与原油性质、水滴特性和电场强度等密切相关。低速电脱盐技术油在电场中停留时间为 6 min 左右,高速电脱盐技术无需停留时间(时间很短)。

3. 注水量及油水混合程度

注水的作用是增加分散相(水)含量,同时溶解原油中的无机盐和部分有机物,使其随着洗涤水而脱除。注水的水质要求不含或低含盐量,另外对水的 pH 也有要求,碱性有利于有机盐的脱除,而微酸性则有利于钙盐的脱除。在电场脱盐时,提高注水量可提高水滴间的凝聚力,以利于水滴聚结,可降低脱盐后原油中残存水的含盐浓度,以提高脱盐率。但注水量过多,将增加脱盐罐内乳化层厚度,导致电耗增加,当注入水为软化水或新鲜水时,也增加了水的费用。实验发现,一级脱盐注水量质量分数在 5%～7% 比较合适,而二级脱盐注水量质量分数在 3%～5% 比较合适。

注入水和破乳剂在油中混合越均匀,分散得越细脱盐率越高。但混合过度而形成难以破乳的稳定乳化液,不仅影响脱盐效果而且耗能过大。因此,需要通过实验找出合适的混合压降值,以便控制一个适宜的混合度。

第二节 蒸馏与精馏原理

一、基本概念

原油是极其复杂的混合物,多数石油产品也是由多种不同沸点烃类组成的混合液。原油加工过程中经常依据这一特点,通过汽化和冷凝将其分离为不同沸点范围的馏分,进一步加工成各种石油产品。

将液体混合物加热使之汽化,再将蒸汽冷凝的过程称为蒸馏。反复进行的多次汽化和冷凝称为精馏。蒸馏和精馏的理论基础是相平衡原理、相律、拉乌尔定律和道尔顿分压定律。

液体混合物与纯液体的气液相变过程规律有很大的差别。例如,在一定的体系压力下,纯液体有一个固定的沸腾温度即沸点。而混合液体由于其中各组分具有不同的挥发度,轻组分较重组分更易于汽化,因此,在汽化时液相(以及气相)组成在不断地改变,轻组分逐渐减少,重组分相对增多,沸腾温度也随之升高,表现出一个沸腾的温度范围(亦称沸程)。此温度范围的数值和体系的压力、混合液的性质与组成有关。

二、石油加工过程中最常用到的几种蒸馏方式

蒸馏是石油加工过程最常使用的分离手段之一,由于它具有经济、方便等特点,所以,凡是需要分离的地方,总是首先考虑选用蒸馏操作。蒸馏有多种形式,可归纳为闪蒸(平衡汽化或一次汽化)、简单蒸馏(渐次汽化)和精馏三种。其中简单蒸馏常用于实验室或小型装置上,它属于间歇式蒸馏过程,分离程度不高。

1. 闪蒸

闪蒸或平衡汽化蒸馏过程是指加热液体混合物,使之达到一定的温度和压力,然后引入一个汽化空间(如闪蒸罐、蒸发塔、蒸馏塔的汽化段等),使之一次汽化分离为平衡的气液两相,将含轻组分较多的气相冷凝下来,使混合液得到相对的分离的过程。由于在加热混合液过程中产生的气相达到一定的温度和压力便迅速分离(即一次汽化分开),故又称一次汽化。又由于分开的气液两相是平衡状态的两相,故从其汽化方式而言,也称为平衡汽化。实际上并不存在真正意义的平衡汽化,因为真正的平衡汽化需要气液两相有无限长的接触时间和无限大的接触面积。但在适当的条件下,气液两相可以接近平衡,我们可以近似地按平衡汽化来处理。如连续精馏塔的每层塔盘均可近似地看作平衡汽化(即一次汽化)。

平衡汽化的逆过程称为平衡冷凝。如催化裂化分馏塔塔顶亚气相馏出物,经过冷凝冷却,进入接受罐中进行分离,此时汽油馏分冷凝为液相,而裂化气和一部分汽油蒸汽则仍为气相(裂化富气),此过程可以近似看做平衡冷凝。

2. 简单蒸馏

简单蒸馏是实验室或小型工业装置上常采用的一种蒸馏方法,它是用来浓缩物料或粗略分离油料的一种手段。如图4-4所示。将混合液置于蒸馏釜中,加热到达混合物的泡点温度时将产生的气相随时引出,加以冷凝,冷却收集。随着蒸馏的进行,液相逐渐变重(轻组分浓度逐渐减小),沸腾温度随之升高,汽

化生成的气相浓度也在不断变化。釜底残液只与瞬时产生的气相成平衡，而不是与前面产生的全部气相成平衡。简单蒸馏得到气相冷凝液是一个组成不断变重的混合液，最早得到的气相冷凝液中轻组分含量最高，以后轻组分含量逐渐减少，但总比残液中的轻组分含量要高。因此简单蒸馏虽然可以使混合液中的轻重组分得到相对的分离，但不能将轻重组分彻底分开。所以它只能用于分离要求不太严格的场合。

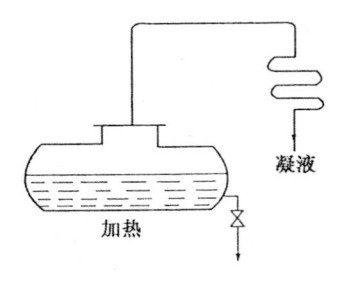

图 4-4 简单蒸馏

简单蒸馏是一种间歇过程，而且分离程度不高，一般只是在实验室中使用。如广泛用于油品馏程测定的恩氏蒸馏就可近似看作是简单蒸馏过程。

3. 精馏

由于闪蒸和简单蒸馏都无法使液体混合物精确分开，为了适应生产发展的需要，会进行多次汽化，并发展成精馏过程。人们从一次汽化可以使轻重组分得到相对分离的实践中受到启发，把一次汽化得到的气液两相继续进行平衡冷凝和平衡汽化，如此反复多次最终可得到纯度较高的轻重组分，即所谓多次汽化过程。以后又采用了精馏，把多次汽化和多次冷凝过程巧妙地组合起来，构成可以把混合液精确分开的精馏过程。精馏是分离液相混合物的很有效手段，有连续式和间歇式两种。

三、精馏及实现精馏的条件

精馏是分离液相混合物的一种有效的方法，它是在多次部分汽化和多次部分冷凝过程的基础上发展起来的。

图 4-5 所示为戊烷—己烷混合物的多次部分汽化和多次部分冷凝（精馏）以及其浓度关系。图中数据清楚地表明，经过液体的部分汽化或蒸汽的部分冷凝，混合物中的轻组分和重组分分别在气相及液相中浓度不断增加。但显然，这种多次部分汽化和部分冷凝过程，过于烦琐，无法在工业上实现，因此出现了精馏塔。

图 4-6 为精馏塔示意图。它有三段，进料段以上为精馏段，进料段以下为提馏段，因此，它是一个完全精馏塔。该精馏塔由多层塔盘组成，每层塔盘均是一个气液接触单元，加热到一定温度的混合液体进入塔的中部（汽化段），一次汽

化分为平衡的气液两相,蒸汽沿塔上升进入精馏段。在塔顶部送入一股与塔顶产品组成相同或相近的较低温度的液体回流,使上升蒸汽在各层塔盘上不断部分冷凝,使其中的重组分转入液相又逐层回流下去,最后在塔顶可以得到一个纯度较高的轻组分;汽化段产生的平衡液相则沿塔下流,进入提馏段,并在塔底供热使塔底产品部分汽化,产生一个气相热回流,使下流液体不断部分汽化,最终在塔底得到一个较纯的重组分;整个塔内蒸汽与液体逆向流动,密切接触形成一系列接触级进行传热和传质,使轻重组分多次进行分离,达到精确分开的目的。塔内温度自下而上逐渐降低,形成一个温度梯度。轻组分浓度自下而上逐步增加,形成一个浓度梯度。

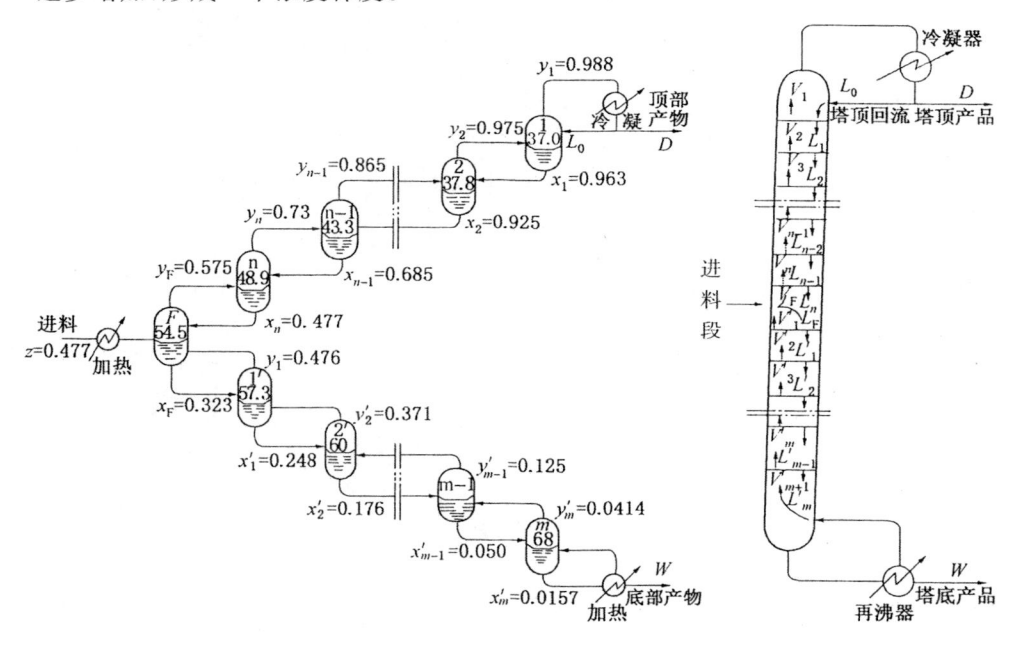

图 4-5　戊烷—己烷精馏示意图(罐中温度为℃)　　图 4-6　精馏塔示意图

现以图 4-7 所示相邻的三个接触级为例,阐明塔内温度与浓度的变化情况。组成为 x_{n-1} 的下降液体与组成为 y_{n+1} 的上升蒸汽在塔的第 n 层塔盘上接触,较低温度的液体使蒸汽部分冷凝,较高温度的蒸汽使液体部分汽化,并建立温度为 t_n 的新的气液平衡体系。离开 n 级上升的蒸汽中轻组分浓度为 $y_n > y_{n+1}$,下降的液体中轻组分浓度 $x_n < x_{n-1}$。如此重复多次,最终在塔顶得到纯度较高的轻组分产品,塔底得到纯度较高的重组分产品。

精馏过程的实质是不平衡的气液两相逆向流动,多次密切接触,进行传质和传热使轻重组分达到精确分离的过程。实现精馏过程的必要条件是：

①必须有使气液两相充分接触的设备,即精馏塔内的塔板或填料。

②具有传热和传质的推动力,即温度差(沿塔高上升的各层塔板或填料段的温度逐层下降)和浓度差。在各层塔板或填料段相遇的气液流处于不平衡状态,为此必须在塔顶提供一个组成与塔顶产品相近的液相冷回流,在塔底提供一个组成与塔底产品相近的气相热回流。

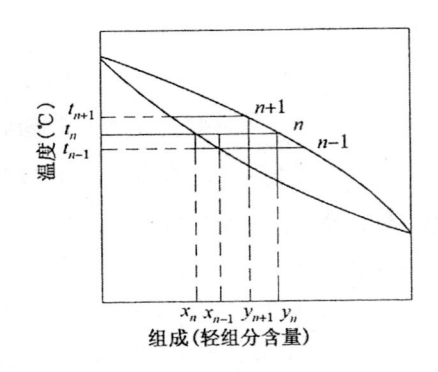

图 4-7 塔内温度与浓度的变化

四、回流比与塔板数

精馏过程的目的是将液体混合物分离从而得到一定要求的产品,在这个复杂过程中,产品的分馏精度(表示为产品的纯度或组分回收率)与组分的分离难度、操作回流比和精馏塔的理论板数等因素密切相关。塔顶回流量与塔顶产品量的比值称为回流比(R),即：

$$R=L/D \tag{4-4}$$

式中,L——塔顶回流量；

D——塔顶产品量。

塔顶液相回流可以由多种方式来提供。

1. 塔顶冷回流

塔顶冷回流就是将塔顶气相馏出物在冷凝冷却器中全部冷凝并进一步冷却为低于相平衡温度的过冷液体,将其中一部分送回塔内作回流液。冷回流在塔内重新汽化时需吸收升温显热和相变潜热,因此用量较少,但由于塔顶温度低,这部分回流热量不好利用。

2. 塔顶热回流

塔顶热回流就是将塔顶气相馏出物部分冷凝为饱和液体作为回流。在同等条件下与冷回流相比,热回流用量较多。但在某些情况下,例如,需要将冷凝器安装在精馏塔顶空间时,也常使用这种回流。此时产品蒸汽被部分冷凝随即返回成回流液,这就是热回流。塔内各层塔板之间由上层流到下层的液体称为内回流,以区别于塔外引入的回流液,内回流都是饱和液体,其特点与热回流相同。

3. 其他回流方式

除上述两种回流以外,有些塔如原油分馏塔、催化裂化分馏塔等还采用另外一类回流方式,即从塔侧某处抽出部分液体经换热冷却后送回塔内作回流,这种回流称为循环回流。

4. 塔板数

塔板(或填料)是精馏过程中气液两相接触的场所,能使接触的两相达到相平衡状态的塔板称为理论塔板(达到相同效应的填料层高度称为理论层高度)。实际上在一层塔板上,即使是由极端合理的构件组成也不可能达到真正的相平衡,因为越接近平衡,气液相间的传热与传质推动力就越小,要达到平衡除非有无限大的接触面和无限长的接触时间。一块实际塔板不能起到一块理论塔板的作用,为此引出塔板效率的概念,或从全塔平均板效率的概念出发,引出全塔效率来衡量由实际塔板构成的精馏塔的作用效果,其理论塔板数与实际塔板数之间关系如下:

$$N_T = E_T \cdot N \tag{4-5}$$

式中,N——精馏塔中实际塔板数;

N_T——精馏塔的理论塔板数;

E_T——全塔平均塔板效率。

第三节 原油常减压蒸馏

常压蒸馏和减压蒸馏习惯上合称常减压蒸馏,常减压蒸馏基本属物理过程。原油在蒸馏塔里按蒸发能力分成沸点范围不同的油品(称为馏分),这些油有的经调合、加添加剂后以产品形式出厂,大部分用作后续加工装置的原料,因此,常减压蒸馏又被称为原油的一次加工。它包括三个工序:原油的脱盐、脱水、常压蒸馏、减压蒸馏。

一个炼油生产装置有各种工艺设备(如加热炉、塔、反应器)及机泵等,它们是为完成一定的生产任务,按照一定的工艺技术要求和原料的加工流向互相联系在一起,即构成一定的工艺流程。所谓工艺流程,就是一个生产装置的设备

(如塔、反应器、加热炉)、机泵、工艺管线按生产的内在联系而形成的有机组合。一个工业装置的好坏不仅取决于各种设备性能,而且与采用的工艺流程的合理程度有很大关系。

最简单的原油蒸馏方式是一段汽化常压蒸馏工艺流程,所谓一段汽化指的是原油经过一次的加热—汽化—冷凝,完成了将原油分割为符合一定要求的馏出物的加工过程。目前,炼油厂最常采用的原油蒸馏流程是两段汽化流程和三段汽化流程。两段汽化流程包括两个部分:常压蒸馏和减压蒸馏。三段汽化流程包括三个部分:原油初馏、常压蒸馏和减压蒸馏。

一、原油三段汽化常减压蒸馏工艺流程

国内大型炼油厂的原油蒸馏装置多采用典型的三段汽化常减压蒸馏流程,如图 4-8 所示。

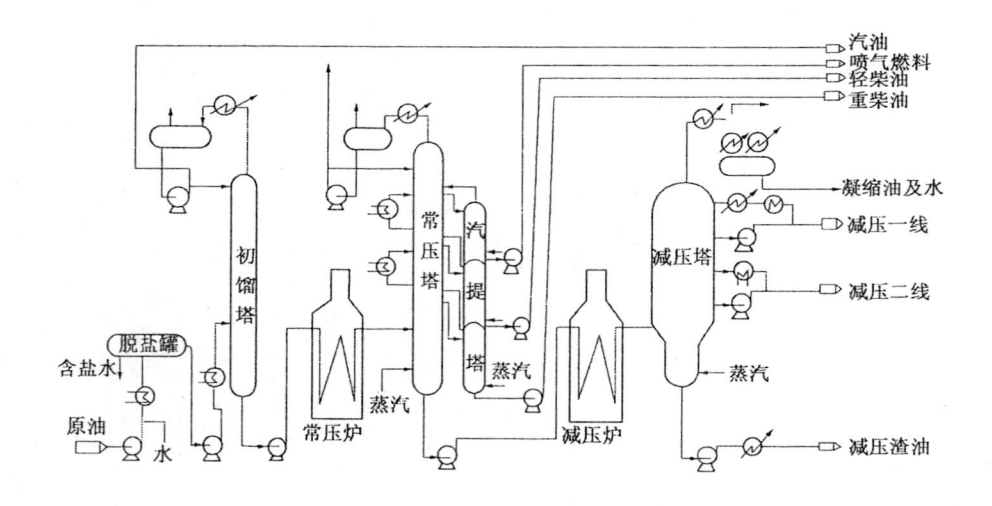

图 4-8 三段汽化常减压蒸馏流程

原油在蒸馏前必须进行严格的脱盐、脱水,脱盐后原油换热到 230~240℃进初馏塔(又称预汽化塔),塔顶出轻汽油馏分或重整原料。塔底拔头原油经常压炉加热至 360~370℃进入常压分馏塔,塔顶出汽油。侧线自上而下分别出煤油、柴油以及其他油料。常压部分可以得到的产品大体相当于原油实沸点馏出温度约为 360℃的产品。常压分馏塔是该装置的主塔,其主要产品从这里得到,因此其质量和收率在生产控制上都应给予足够的重视。除了用增减回流量及

各侧线馏出量以控制塔的各处温度外,通常各侧线处设有汽提塔,用吹入水蒸汽或采用"热重沸"(加热油品使之汽化)的方法可以调节产品质量。常压部分拔出率高低不仅关系到该塔产品质量与收率,也将影响减压部分的负荷以及整个装置生产效率。除塔顶冷回流外,常压塔通常还设置2~3个中段循环回流。塔底用水蒸汽汽提,塔底重油(或称常压渣油)用泵抽出送减压部分。

常压塔底油经减压炉加热到405~410℃进入减压塔,为了减少管路压力降同时提高减压塔顶真空度,减压塔顶一般不出产品而是直接与抽空设备连接,并采用顶循环回流方式。减压塔一般开有3~4个侧线,根据炼油厂的加工类型(燃料型或润滑油型)不同,可生产催化裂化原料或润滑油料。由于加工类型不同,塔的结构及操作控制也不一样,润滑油型装置减压塔设有侧线汽提塔以调节馏出油质量。除顶回流外,也设有2~3个中段循环回流。燃料型装置则无需设汽提塔。减压塔底渣油用泵抽出,经换热冷却装置送出,也可以直接送至下道工序(如焦化、丙烷脱沥青等),作为热进料。

从原油的处理过程来看,上述常减压蒸馏装置分为原油初馏(预汽化)、常压蒸馏和减压蒸馏三部分,油料在每一部分都经历一次加热—汽化—冷凝过程,故称之为"三段汽化"。如从过程的原理来看,实际上只是常压蒸馏与减压蒸馏两部分,而常压蒸馏部分可采用单塔(仅用一个常压塔)流程或者用双塔(用初馏塔和常压塔)流程。采用初馏塔的优点如下:

①原油在加热升温时,当其中轻质馏分逐渐汽化,原油通过系统管路的流动阻力就会增大。因此,在处理轻馏分含量高的原油时应设置初馏塔,将换热后的原油在初馏塔中分出部分轻馏分再进常压加热炉,这样可显著减小换热系统压力降,避免原油泵出口压力过高,减少动力消耗同时降低设备泄漏的可能性。一般认为原油中汽油馏分含量接近或超过20%就应考虑设置初馏塔。

②在脱盐脱水不充分的原油加热时,水分汽化会增大流动阻力,引起系统操作不稳。水分汽化的同时,盐分析出附着在换热器和加热炉管壁上影响传热,甚至堵塞管路。采用初馏塔可避免或减小上述不良影响。初馏塔的脱水作用对稳定常压塔以及整个装置操作十分重要。

③在加工含硫、含盐高的原油时,虽然采取一定的防腐措施,但很难彻底解决塔顶和冷凝系统的腐蚀问题。设置初馏塔后它将承受大部分腐蚀而减轻主塔(常压塔)塔顶系统腐蚀,经济上是合算的。

④汽油馏分中砷含量取决于原油中砷含量以及原油被加热的程度,如作重整原料,砷是重整催化剂的严重毒物。例如,加工大庆原油时,初馏塔的进料仅经230℃左右换热,此时初馏塔顶重整原料砷含量＜200 $\mu g/kg$,而常压塔进料因经370℃换热,常压塔顶汽油馏分砷含量达1500 $\mu g/kg$。当处理砷含量高的原油,蒸馏装置设置初馏塔可得到含砷量低的重整原料。

⑤设置初馏塔有利于装置处理能力的提高,设置初馏塔并提高其操作压力(例如,达0.3 MPa)能减少塔顶回流油罐轻质汽油的损失等。因此,蒸馏装置中常压部分设置双塔,虽然增加一定投资和费用,但可提高装置的操作适应性。当原油含砷、含轻质馏分量较低,并且所处理的原油品种变化不大时,可以采用二段汽化,即仅有一个常压塔和一个减压塔的常减压蒸馏流程。

⑥为了节能,一些炼油厂对蒸馏装置的流程作了某些改动。例如,初馏塔开侧线并将馏出油送入常压塔第一中段回流中,或将初馏塔改为预闪蒸塔,塔顶油气送入常压塔内。

二、原油分馏塔的工艺特征

原油分馏塔的工作原理与一般精馏塔相同,但也有它自身的特点,这主要是它所处理的原料和所得到的产品组成比较复杂,不同于处理有限组分混合物的一般精馏塔。概括地说,结构上是带有多个侧线汽提的复合塔,在操作上是固定的供热量和小范围调节的回流比。

原油常压蒸馏就是原油在常压(或稍高于常压)下进行的蒸馏,所用的蒸馏设备叫做原油常压精馏塔,它具有以下工艺特点:

1. 常压塔是一个复合塔

原油通过常压蒸馏要分成汽油、煤油、轻柴油、重柴油和重油五种产品馏分。按照一般的多元精馏办法,需要有 $n-1$ 个精馏塔才能把原料分割成 n 个馏分。而原油常压精馏塔却是在塔的侧部开若干侧线,以得到上述的多个产品馏分,就像 n 个塔叠在一起一样,故称为复合塔。

2. 常压塔的原料和产品都是组成复杂的混合物

原油经过常压蒸馏可得到沸点范围不同的馏分,如汽油、煤油、柴油等轻质馏分油和常压重油,这些产品仍然是复杂的混合物(其质量是靠一些质量标准来控制的)。在35～150℃产品是石脑油(化工轻油)或重整原料,130～250℃产品是煤油馏分,250～300℃产品是柴油馏分,300～350℃产品是重柴油馏分,高于350℃产品是常压重油。

3. 设有汽提段和汽提塔

因为塔底温度较高,石油精馏塔提馏段的底部常常不设再沸器,一般在350℃左右,在这样的高温下,很难找到合适的再沸器热源。因此,通常向底部吹入少量过热水蒸汽,以降低塔内的油气分压,使混入塔底重油中的轻组分汽化,这种方法称为汽提。汽提所用的水蒸汽通常是温度400～450℃、压力约为3 MPa的过热水蒸汽。

当某些侧线产品需严格控制水分含量时(如生产喷气燃料),不能采取水蒸汽汽提,而需用"热重沸"的方式,即侧线油品与温度较高的下一侧线油品换热,使之部分汽化,产生气相回流,起到提馏作用,这与使用重沸器的提馏段完全一样。

在复合塔内,汽油、煤油、柴油等产品之间只有精馏段而没有提馏段,这样侧线产品中会含有较多数量的轻馏分,这样不仅影响本侧线产品的质量,而且降低了较轻馏分的收率。所以通常在常压塔的旁边设置若干个侧线汽提塔,这些汽提塔重叠起来,但相互之间是隔开的,侧线产品从常压塔中部抽出,送入汽提塔上部,从该塔下注入水蒸汽进行汽提,汽提出的低沸点组分同水蒸汽一道从汽提塔顶部引出返回主塔,侧线产品由汽提塔底部抽出送出装置。

4. 常压塔常设置中段循环回流

在原油精馏塔中,除了采用塔顶回流,通常还设置1～2个中段循环回流,即从精馏塔上部的精馏段引出部分液相热油,经与其他冷流换热或冷却后再返回塔中,返回口比抽出口通常高2～3层塔板。

中段循环回流的作用是在保证产品分离效果的前提下,取走精馏塔中多余的热量,这些热量因温位较高,是很好的可利用热源。采用中段循环回流的好处是在相同的处理量下可缩小塔径,或者在相同的塔径下可提高塔的处理能力。

常压塔底产物即常压重油,是原油中比较重的部分,沸点一般高于350℃,而各种高沸点馏分,如裂化原料和润滑油馏分等都存在其中。要想从重油中分出这些馏分,就需要把温度提高到350℃以上,在这样的高温下,原油中的不稳定组分和一部分烃类就会发生分解,降低了产品质量和收率。为此,将常压重油在减压条件下蒸馏,蒸馏温度一般限制在420℃以下。降低压力使油品的沸点相应下降,上述高沸点馏分就会在较低的温度下汽化,避免了高沸点馏分的分解。减压塔是在压力低于100 kPa的负压下进行蒸馏操作。

减压塔的抽真空设备常用的是蒸汽喷射器或机械真空泵。蒸汽喷射器结构简单,使用可靠而无需动力机械,而水蒸汽来源充足、安全,因此得到广泛的应用。而机械真空泵只在一些干式减压蒸馏塔和小炼油厂的减压塔中使用。

三、回流方式

原油精馏塔除在塔顶采用冷回流或热回流外,由于原油精馏处理量大,产品质量要求不太严格,一塔出多个产品等特点,还采用了一些特殊的回流方式。

1. 塔顶油气二级冷凝冷却的回流方式

如图4-9所示,它是塔顶回流的一种特殊形式。首先将塔顶油气冷凝(温度为55~90℃),回流送回塔内,产品则进一步冷却到安全温度(约40℃)以下。第一步在温差较大情况下取出大部分热量,第二步虽然传热温差较小,但热量也较少。与一般塔顶回流方式(回流与产品同时冷凝冷却)相比,二级冷凝冷却的回流方式虽然流程复杂,回流液输送量较大,操作费用增加,但所需传热面积较小,设备投资较少,一般来说大型装置采用此方式较为有利。

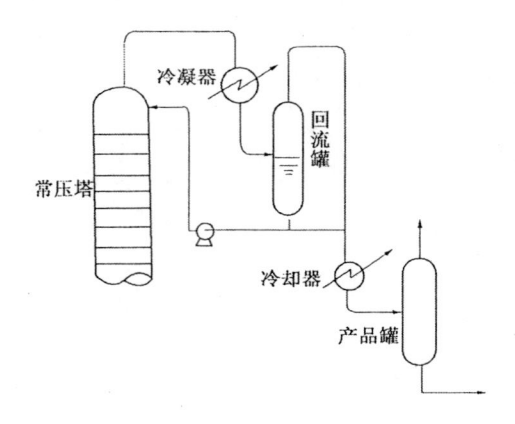

图4-9 塔顶油气二级冷凝冷却

2. 循环回流方式

循环回流按其所在部位分为塔顶、中段和塔底三种方式。循环回流抽出的是高温液体,经冷却或换热后再返回塔内循环取热,本身没有相变化,故用量较大。

(1) 塔顶循环回流。塔顶循环回流多用于减压塔、催化裂化分馏塔等需要塔顶气相负荷小的场合。塔顶循环回流如图 4-10 所示。由于塔顶没有回流蒸汽通过,塔顶馏出线和冷凝冷却系统的负荷大大减小,故流动压降变小,使减压塔的真空度提高;对催化裂化分馏塔来讲,则可提高富气压缩机的入口压力,降低气压机功率消耗。

(2) 中段循环回流。中段循环回流又称中段回流,如图 4-11 所示。它是炼油厂分馏塔最常采用的回流方式之一。中段回流不能单独使用,必须与塔顶回流配合。采用这种回流方式,可以使回流热在高温部位取出,充分回收热能,同时还可以使分馏塔的气液负荷沿塔高均匀分布,减小塔径(对设计来说)或提高塔的处理能力(对现成设备来说)。当然采用中段回流也会有一些弊端,例如,回流抽出板至返回板之间的塔板只起换热作用,分离能力通常仅为一般塔板的50%。而且采用中段回流后,会使其上部塔板上的内回流量大大减少,影响塔板效率。基于上述原因,为保证塔的分馏效果,就必须增加塔板数,使塔高增加。此外还要增设泵和换热器,工艺流程也将变得复杂。综合考虑,一般来说,对有 3~4 个侧线的分馏塔,推荐用两个中段回流;对有 1~2 个侧线的塔可采用一个中段回流,在塔顶和一线之间通常不设中段循环回流。中段回流出入口间一般相隔 2~3 块塔板,其间温差可选在 80~120℃。

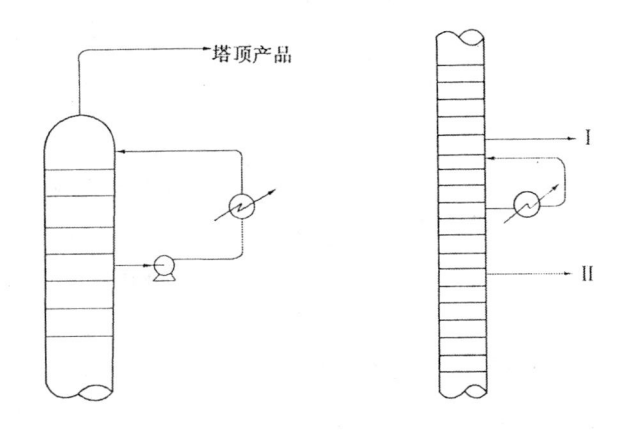

图 4-10 塔顶循环回流　　图 4-11 中段循环回流

(3) 塔底循环回流。塔底循环回流只用于某些特殊场合(例如,催化裂化分馏塔的油浆循环回流)。

四、原油分馏塔气液相负荷分布规律

塔内气液相负荷是核算或设计分馏塔的重要依据。在二元和多元系精馏中,由于组分少,性质比较相近,在简化计算时,假定为恒分子回流及汽化热恒定。即可以认为在这些精馏塔中,气液相摩尔流量不随塔的高度而变化。但这个假定对原油分馏塔是完全不适用的。因为原油是复杂的混合物,组分之间性质可以很不相同。因此有必要对原油分馏塔内气液相负荷随塔高分布进行分析,以便找出其规律性。定性地说,原油分馏塔内气液相负荷随塔高度增加而增大,其原因一是精馏过程沿塔高的温度分布,自下而上有一个递减的温度梯度,因此,随塔高度增加,需取走的回流热也增大;二是沿塔高上升油品的密度逐渐减小,其摩尔汽化热也减小。对热回流而言,回流量 = $\dfrac{回流热}{油品汽化潜热}$,所以越接近塔顶,塔内回流量越大。

五、减压精馏

通过常压蒸馏可以把原油中 350℃ 以下得到的汽油、煤油、轻柴油等直馏产品分馏出来。然而在 350℃ 以上的常压重油中仍含有许多宝贵的润滑油馏分和催化裂化、加氢裂化原料未能蒸出。因为如果在常压条件下采取更高温度进行蒸馏,它们就会受热分解。采用减压蒸馏或水蒸汽蒸馏的方法可以降低沸点,即可在较低温度下得到高沸点的馏出物。因此,原油分馏过程中,通常都在常压蒸馏之后安排一级或两级减压蒸馏,以便把沸点在 550~600℃ 的馏分深拔出来。

减压蒸馏所依据的原理与常压蒸馏相同,关键是采用可抽真空措施,使塔内压力降到几十毫米汞柱❶、甚至小于 10 mmHg。下面仅就减压的工艺流程、抽空系统和新出现的干式减压等几个方面介绍一下减压蒸馏的特点。

1. 减压精馏塔的特点

与一般的精馏塔和原油常压精馏塔相比,减压精馏塔有如下几个特点。

(1)根据生产任务不同,减压精馏塔分润滑油型与燃料型两种。润滑油型减压塔以生产润滑油料为主,这些馏分经过进一步加工制取各种润滑油。该减压塔

---

❶　1 mmHg≈133.3 Pa。

要求得到颜色浅、残炭值低、馏程较窄、安定性好的减压馏分油。因此，润滑油型减压塔不仅要求有高的拔出率，而且应具有足够的分馏精确度。燃料型减压塔主要生产二次加工的原料，如催化裂化或加氢裂化原料。它对分馏精确度要求不高，主要希望在控制杂质含量（如残炭值低、重金属含量少）的前题下，尽可能提高拔出率。图 4-12 为润滑油型减压塔示意图。该塔除具有一般减压塔的特点外，其设计计算与常压塔大致相同。燃料型减压精馏塔如图 4-13 所示。

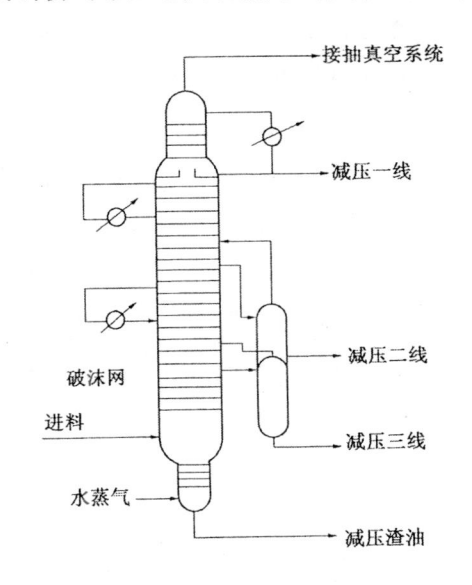

图 4-12 润滑油型减压精馏塔　　图 4-13 燃料型减压精馏塔

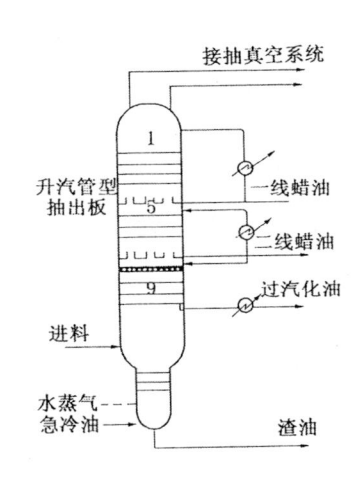

（2）减压精馏塔的塔板数少，压降小，真空度高，塔径大。为了尽量提高拔出深度同时不产生分解，要求减压塔在经济合理的条件下尽可能提高汽化段的真空度。因此，要在塔顶配备强有力的抽真空设备，同时要减小塔板的压力降。减压塔内应采用压降较小的塔板，常用的有舌型塔板、网孔塔板等。减压馏分之间的分馏精确度一般比常压蒸馏要求低，因此，通常在减压塔的两个侧线馏分之间只设 3～5 块精馏塔板。在减压下，塔内的油气、水蒸汽、不凝气的体积变大，减压塔径变大。

（3）缩短渣油在减压塔内的停留时间。塔底减压渣油是最重的物料，如果在高温下停留时间过长，则会造成分解、缩合等反应加剧，导致不凝气增加，使塔的真空度下降。同时塔底部分结焦，也会影响塔的正常操作。因此，减压塔底部常常采取缩径的方法，以缩短渣油在塔内的停留时间。另外，减压塔顶不出产品,减压塔的上部气相负荷小,通常也采用缩径的办法,这样减压塔就成为一个中间粗、两头细的精馏塔。

2. 减压精馏塔工作原理

由于现代炼油厂的二次加工能力不断扩大,致使燃料型减压塔处理量剧增。因此,如何使塔尽可能提高其处理能力,是提高燃料型减压塔性能的又一关键问题。由于裂化原料的馏分组成要求不严格,所以燃料型减压塔可以优先考虑采用压降低的塔板。减少塔内板数并设置多处循环回流,尽量减少塔内蒸汽负荷。在每一处循环回流抽出板与返回板之间的塔段中,冷的回流液体与通过该塔段的产品蒸汽直接接触而使之冷凝。因此,塔段内的塔板实际上成了换热板,在其上进行的是平衡冷凝过程。在每一个塔段中,循环回流取走的热量,大体相当于所在塔段侧线产品的冷凝热(严格地说应加上以上各侧线产品蒸汽以及通过该塔段的水蒸汽和不凝气温降放出的显热)。

若在简化假定的条件下,即:不考虑通过该塔段其余产品蒸汽和气体;整个塔段内温降均匀分布;不考虑该塔段散热损失,按混合冷凝器列出热平衡方程。

$$P_i \cdot \Delta q^{P_i} = W_i (q_{t_{i出}}^{W_i} - q_{t_{i入}}^{W_i}) \quad (4-6)$$

式中,P_i——该塔段侧线产品量,kmol/h;

Δq^{P_i}——侧线产品汽化潜热,kJ/kg;

$t_{i入}$——循环回流返塔温度,℃;

$t_{i出}$——循环回流抽出温度,℃;

W_i——循环回流量,kmol/h;

$q_{t_i}^{W_i}$——t_i 温度下循环回流的热焓,kJ/kg。

设有循环回流塔段的液相负荷分布如图 4-14 所示。

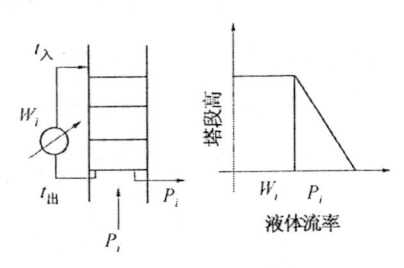

图 4-14 循环回流塔段及其液相负荷分布

实际上整个塔内情况要复杂得多,因为在其中通过多种产品蒸汽,且每个塔段(即各侧线之间)的温度分布也不均匀。因此在不考虑中段回流条件下塔

78

内精馏段的气液负荷分布如图 4-15 所示。如果汽化段到最后一个中段回流塔段之间装有塔板,并有内回流存在,则此段塔内气液负荷分布与常压塔内情况类似,即随塔高的增加,塔内气液负荷增大。但在每一中段回流的塔段内,情况就完全不同,由于塔段之间只有气相通过而没有内回流从上一塔段流到下一塔段,因此,气液相负荷越往上越小。

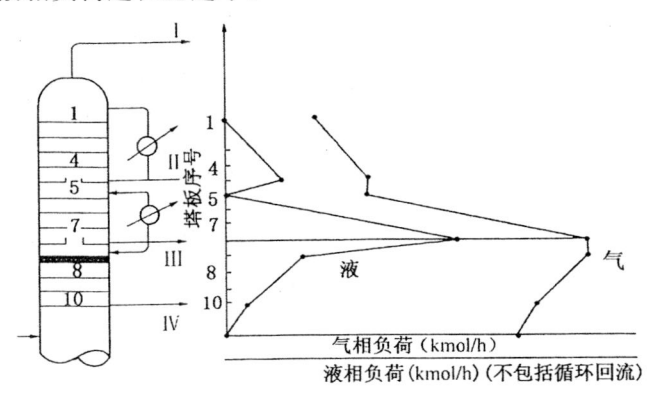

图 4-15 燃料型减压塔的气液相负荷分布曲线

3. 减压蒸馏塔的抽真空系统与抽空设备

为了降低减压分馏塔的压力,必须不断地排除塔内的不凝气(热分解产物或漏入的空气)和注入的水蒸汽(湿式减压时),为此需采用抽真空设备,图 4-16 为间接冷凝抽真空系统流程示意图。来自减压塔顶的不凝气、水蒸汽以及少量的油气首先进入冷凝器,气体走壳程,水走管程,冷热流体不直接接触,水蒸汽和油气冷凝冷却后进入凝液罐中。过去多采用直接冷凝设备,即油蒸汽与冷却水在混合冷凝器中直接接触冷凝冷却,再排入水封池。由于直冷式会产生大量被油污染的冷凝冷却水,不利于环保已不采用。未被冷凝的不凝气由蒸汽喷射器抽出,送入中间冷凝器(间冷),使喷射器来的水汽与油气冷凝,未凝油气则进入二级抽空系统,继续抽空。炼油厂常用的产生真空的主要设备是蒸汽喷射器,其基本结构如图 4-17 所示。它是由一个喷嘴、一个混合室和一个扩压管三部分构成。图下边的曲线表示两种流体(工作蒸汽和被吸流体即不凝气)在喷射器中压力和流速的变化情况曲线。

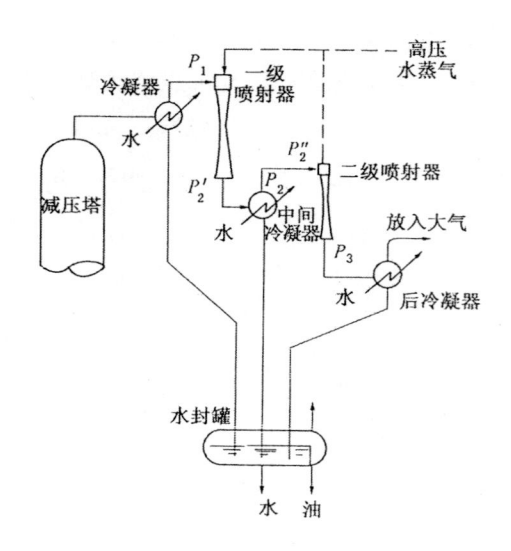

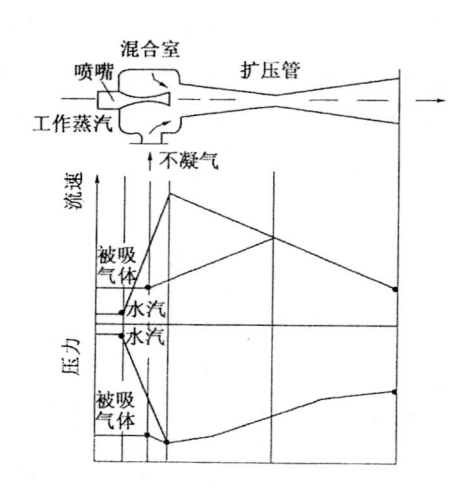

图 4-16　间接冷凝式抽真空系统　　　图 4-17　蒸汽喷射器简图

根据可压缩流体在截面变化的管段中作连续、稳定流动可导出式(4-7)。

$$\frac{dA}{A}=-\frac{1}{K}\cdot\left(\frac{a^2}{u^2}-1\right)\frac{dP}{P} \tag{4-7}$$

式中，A——管段截面积，m²；

P——流体压力，MPa；

u——流体流速，m/s；

K——流体绝热指数，无因次；

a——声波在流体介质中的传播速度，m/s；

$$a=\sqrt{K\cdot P\cdot V} \tag{4-8}$$

式中，V——流体比容，m³/kg。

当气流在喷嘴中膨胀时($dP<0$)，若此时气流速度低于音速$\left(\frac{a^2}{u^2}-1>0\right)$，则应$\frac{dA}{A}<0$，即喷嘴截面应随气流膨胀而逐渐缩小。若气流速度大于音速$\left(\frac{a^2}{u^2}-1<0\right)$则$\frac{dA}{A}>0$，即喷嘴截面应随气流膨胀而扩大。气流在缩扩型喷嘴中膨胀，达到音速时，正好在其喉部位置$\left(\frac{dA}{A}=0\right)$。

高压的工作蒸汽通过缩扩型喷嘴形成超音速的高速气流，蒸汽的压力能转变为动能,形成混合室的低压区,将不凝气抽出。在扩压器中,混合气体的流速及压力变化与上述过程相反,待升压到一定程度即可排出系统外。蒸汽喷射器通常使用压力为 0.8~1.3 MPa,用过热的水蒸汽为工作介质,当用二级抽空器时,可保持减压塔顶残压为 5.3~8.0 kPa。

水在一定温度下有其相应的饱和蒸汽压。在抽空器前的冷凝器内总是有水存在,因而与该系统温度相对应的饱和水蒸汽压力是这种类型抽空装置所能达到的极限残压(残压与水温的关系如图 4-18 所示),再加上管线及冷凝系统压降,减压塔顶残压还要更高些。要达到更高的真空度,则需在冷凝器前安装辅助蒸汽喷射抽空器,也称增压喷射器,从而组成三级抽空系统(如干式减压)。因为塔内气体不经冷凝而直接进入辅助抽空器,使辅助抽空器负荷大,蒸汽耗量多,因此,只有在采用干式减压后减压塔顶负荷大幅度下降的情况下,才适宜用三级抽空来产生高真空度。

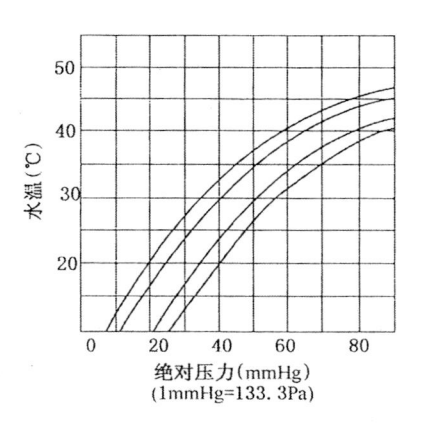

图 4-18 残压与水温的关系

第四节 常减压装置的能耗及节能

石油加工行业既是能源生产行业,同时又是能源消耗行业,炼油厂能源消耗费用一般占现金操作费用的 40% 左右。

一、原油蒸馏装置的节能途径

1. 减少工艺用能

原油常减压蒸馏过程就是消耗有效能而将原油分馏为各种油品,所以工艺过程用能是必要的,但应本着减少用能的原则。

(1)提高初馏塔、常压塔拔出率,减小过汽化率,可以减少加热炉热负荷和混合物的分离功,降低能耗。例如,初馏塔顶油作重整原料时,增开初馏塔侧线送入常压塔内,或在初顶油气作汽油调合组分时,初馏塔按闪蒸塔操作将塔顶油气引入常压塔内,可以提高初馏塔拔出率,降低常压炉热负荷。在保证常压塔最下侧线产品质量合格条件下,尽量减小过汽化率,或把过汽化油抽出作催化裂化原料或作减压塔回流,可降低减压炉热负荷。

(2)选用填料代替塔板或采用低压降新型塔板,可以减少减压塔内压力降,降低汽化段压力,降低减压炉出口温度,不仅可避免油料在高温下过度裂化,而且有利于节能。扩大减压炉出口处炉管直径,减少减压塔转油线压力降,可以减少无效的压力损失,达到降低炉出口温度、提高减压系统拔出率的目的。

(3)减少工艺用蒸汽也是节能的重要手段。例如,初馏塔不注入汽提蒸汽,常压塔测线产品用"热重沸"代替水蒸汽汽提控制产品闪点,采用干式减压操作等。

2. 提高能量转换和传输效率

提高能量转换和传输效率的方法有:

(1)提高加热炉热效率是节能的关键,因为加热炉燃料能耗一般占装置能耗70%,炉效率提高,装置能耗明显下降。据报道,增设空气预热可使炉效率提高10%,此外,提高炉壁保温性能,降低炉壁温度,减少散热损失,限制加热炉内过剩空气系数等都是有效的措施。

(2)调整机泵,选择合适电机,可以减少泵出口阀门截流压头损失。也可采用调速电机,减少电能损耗。

(3)提高减压抽真空系统效率,减少工作蒸汽用量。采用低压蒸汽抽空器,充分利用能级低的蒸汽,节省能级高的蒸汽。

3. 提高热回收率

(1)调整分馏塔回流取热比例,尽量采用中段回流,减少塔顶回流,提高取热温位。将其常压塔回流取热比(塔顶冷回流:塔顶循环回流:一中段回流:二中段回流)调整为 5:25:30:40;减压塔回流取热比(顶回流:一中段回流:二中段回流)为 7:43:50,这样分馏效果可以得到保证,且热回收率可大大提高。

(2)优化换热流程,提高原油换热量和换热后温度,降低产品换热后温度。

(3)合理利用低温热量,包括塔顶油气,常压塔一侧线产品及各高温油品换热后的低温位热源的热量,可考虑与低温原油、软化水等换热或产生低压蒸汽。

(4)采取产品热出料,例如,减压馏分油和渣油换热后不经冷却送下道工序作为热进料。

二、装置间的综合节能途径

常减压蒸馏装置和下游装置之间在系统综合节能上存在着很大的潜力,主要表现如下。

1. 装置之间的热联合

蒸馏装置的中间物流如减压蜡油、渣油等,经一定的换热,作为下游装置的热进料,这样不但可以减少蒸馏装置的冷公用工程用量,同时也可节省下游装置的热公用工程用量。催化裂化装置的油浆用于常减压装置的换热可以提高原油换热的终温,减少常减压装置的燃料消耗量,提高全厂的用能水平。

2. 装置之间的流程组合

Shell公司最近提出了常压、减压、加氢脱硫、加氢裂化、减黏、石脑油分离等装置高度一体化的组合流程,该流程有以下特点。

(1) 由于加工含硫原油,常压侧线均需经过加氢精制后才能作为成品,常压侧线不再设置汽提塔,而在加氢精制的主分馏塔侧线设汽提塔,省去了常压汽提塔。

(2) 常压蒸馏的石脑油和轻烃与加氢精制、加氢裂化的石脑油和轻烃,一起分离得到轻石脑油、液化气和燃料气,避免了石脑油和轻烃分离系统的重复设置。

(3) 减压渣油不经换热,直接去减黏装置,闪蒸后的减黏渣油用于和原油的换热,减黏闪蒸塔的气相物流直接进入加氢精制装置。

Shell公司称采用了这种高度一体化的流程,设备数量可减少48%,投资可节约30%,能耗可降低15%。

前面已经指出,常压塔和减压塔的拔出率和拔出馏分的质量,对全厂的经济效益有重大的影响。为了保证拔出率和拔出馏分的质量,增加必要的用能是不可避免的。因此,应当以更全面和更深入的观点来认识和分析常减压装置的能耗问题,避免出现片面化。

第五节 原油精馏塔的工艺计算

原油蒸馏装置的主要设备包括精馏塔、管式加热炉、换热器、冷凝冷却器、机泵以及抽真空设备等。

关于原油精馏塔工艺设计计算,不同文献资料介绍的方法有所不同,但是其基本原理相同。该节介绍的计算方法属于比较便捷的经验方法,结果比较切合实际,是我国目前通用的方法。

原油精馏塔工艺计算的主要任务主要包括两个方面:一是确定精馏塔的主要操作条件;二是计算精馏塔的主要工艺尺寸。原油精馏塔的工艺计算要充分利用已知的原油性质数据,借助经验图表与公式,通过物料衡算和热衡算进行。计算时要着重考虑如何使塔内气液相负荷分布均匀和较好的分馏效率,在保证产品质量和收率的前提下,尽可能节约投资、降低能耗、减少环境污染。

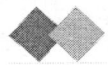

一、基础数据收集及设计计算步骤

1. 基础数据的收集

原油精馏塔的工艺设计计算需要收集以下基础数据。

(1)原料油的性质,主要包括密度、特性因数、相对分子质量、含水量、黏度、实沸点蒸馏数据和平衡汽化数据等。

(2)原料油的处理量及年开工时间。

(3)产品方案及产品的质量要求。

(4)汽提水蒸汽的温度及压力。

2. 设计计算步骤

(1)根据原料油实沸点蒸馏数据绘出曲线,再按产品方案确定产品收率,作出物料平衡。

(2)根据产品切割方案,利用实沸点蒸馏曲线,计算各馏分的基础数据(恩氏蒸馏和平衡汽化数据、平均沸点、特性因数、黏度、相对分子质量、临界温度及压力、焦点温度及压力等)这些数据也可以由实验提供。

(3)选定各段塔板数、塔板型式、确定塔板压降。根据选定或给出的塔顶压力,定出汽化段压力。

(4)根据推荐的经验值确定过汽化率及塔底汽提蒸汽量,计算汽化段温度。

(5)根据经验值,假设塔底、侧线温度,作全塔热平衡估算回流取热量。

(6)确定回流形式、中段回流数目、位置及回流热分配比例。

(7)自下而上作各段热平衡,用猜算法计算侧线及塔顶温度,如与上述假设值不符则需重算。

(8) 核算产品的分馏精确度，不合要求时则重新调整回流比或塔板数。

(9) 根据最大气液相负荷计算塔径，并作全塔气液相负荷分布图。

◆◆ 二、塔板数、回流比与油品分馏精确度

一般精馏过程的回流比、塔板数与混合组分的分离精度、分离难度的关系，这些基本原则当然也适用于油料的分馏过程。但原油是复杂的混合物，原油分馏过程中的回流比、最少塔板数的计算目前还只限于经验方法。

对于二元或多元体系，分馏精确度可以容易地用组成来表示。如对 A(轻组分)、B(重组分)二元混合物的分馏精确度，可用塔顶产物中 B 的含量和塔底产物中 A 的含量来表示。原油及其馏分是及其复杂的混合物，对它的两个相邻馏分之间的分馏精确度则通常采用经验关联方法。R.N. 沃特金斯对原油常压蒸馏推荐了一个经验关联方法。

相邻两个馏分之间的分馏精确度，可用该两个馏分的馏分组成或蒸馏曲线（通常是恩氏蒸馏曲线）的相互关系表示。

$$\text{恩氏蒸馏}(0\sim100)\text{间隙} = t_0^H - t_{100}^L \tag{4-9}$$

式中，t_0^H 和 t_{100}^L 分别表示重馏分的初馏点和轻馏分的终馏点。间隙越大说明分馏精确度越高。

在实际应用中，恩氏蒸馏的初馏点和终馏点不易得到准确数值，通常用较重馏分的 5% 点和较轻馏分的 95% 点来代替，即以相邻两馏分中重组分恩氏馏出 5%(体积)的温度，减去轻组分恩氏馏出 95%(体积)的温度，称为恩氏蒸馏 (5~95) 间隙，作为相邻两馏分之间的分馏精确度，若其值为正，则称为脱空（或间隙）。间隙越大，说明分馏精确度越高；若其值为负，则称为重叠（见图 4-19）。重叠越大，说明分馏精确度越差。

$$\text{恩氏蒸馏}(5\%\sim95\%)\text{间隙} = t_5^H - t_{95}^L \tag{4-10}$$

恩氏蒸馏本身是一种粗略的分离过程，恩氏蒸馏曲线并不能严格反映各组分的沸点分布，因此才出现了这种脱空（或间隙）现象。如果用实沸点蒸馏曲线来表示相邻两个馏分的相互关系，则只会出现重叠，只是重叠数值大小不同罢了。重叠意味着一部分重馏分跑到轻馏分中去了，说明分离效果不好。

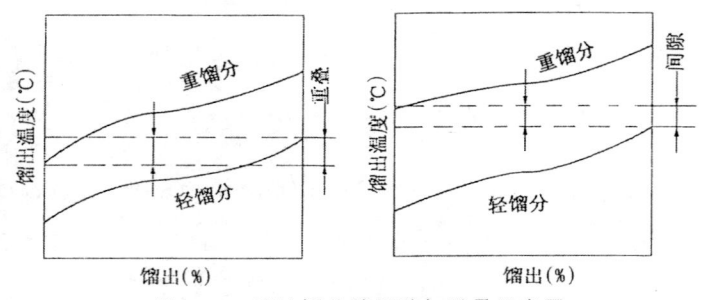

图 4-19 石油馏分的间隙与重叠示意图

影响分离精确度的主要因素是物系中组分之间的分离难易程度、回流比和塔板数。对于二元和多元物系,可用组分之间的相对挥发度来表示;对于石油馏分可用两馏分恩氏蒸馏 50% 点温度差 Δt_{50} 来表示。图 4-20 和图 4-21 是原油常压分馏塔分离精确度与分离能力和混合物分离难易程度的关系图。该图可用于常压塔工艺计算,用于减压塔计算则准确性变差,不适合催化裂化分馏塔使用。关联图横坐标为相邻两馏分的恩氏蒸馏间隙,即分离精确度;纵坐标为系统分离能力(F),即回流比乘以塔板数,表示该塔段的分离能力。图 4-20 中 Δt_{50} 表示塔顶产品与一线产品的恩氏蒸馏 50% 点温度之差;图 4-21 中 Δt_{50} 表示第 m 板侧线的 t_{50} 与 m 板以上所有馏出物(作为一个整体)的 t_{50} 之差。在使用循环回流取热的换热段塔板按 1/3 实际塔板数计算。使用此关联图时,测线汽提蒸汽量至少应为 0.023 kg 蒸汽/m³ 产品。

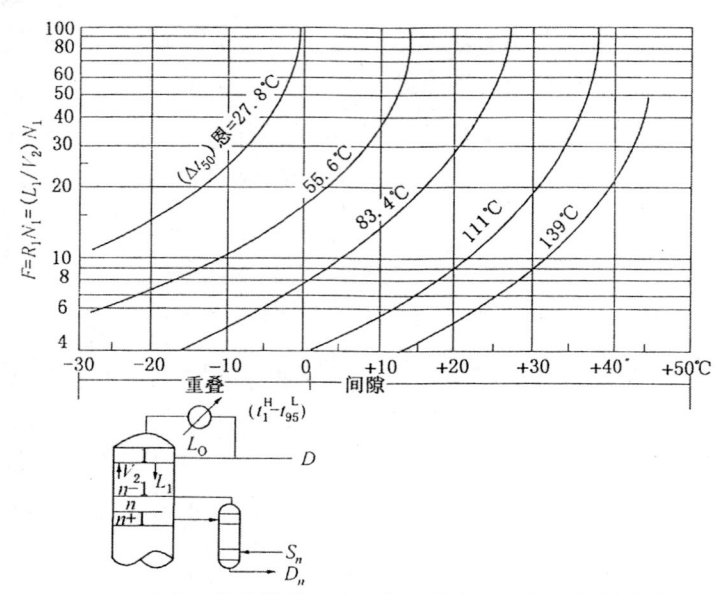

图 4-20 原油常压精馏塔塔顶产品与一线产品之间分馏精确度图

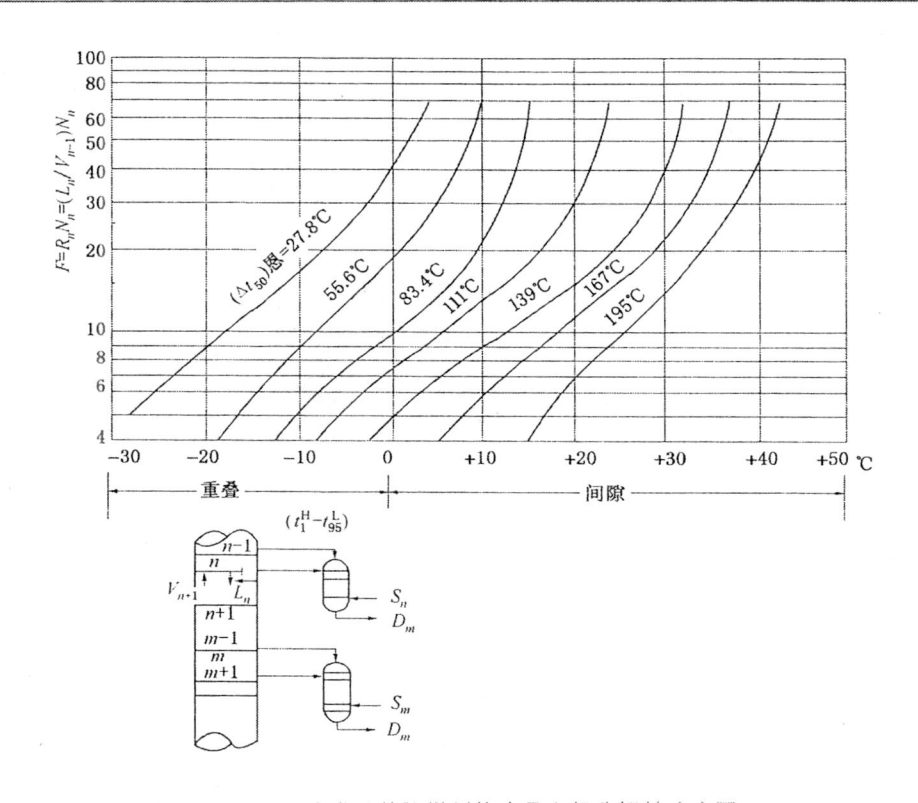

图 4-21 原油常压精馏塔侧线产品之间分馏精确度图

R_1—第一板下回流比$=\dfrac{L_1}{V_2}$(L_1、V_2 均按 15.6℃液体体积流率计);N_1—塔顶与一线之间实际塔板数

R_n—第 n 块板下的回流比$=\dfrac{L_n}{V_{n+1}}$(L_n、V_{n+1} 均按 15.6℃液体体积流率计);V_n—该两侧线间的实际塔板数$=m-n$

常压蒸馏产品分馏精确度的文献推荐值[恩氏蒸馏 t_5-t_{95} 脱空(℃)]为:

轻汽油~重汽油　　11~16.5

汽油~煤油、轻柴油　　14~28

煤油、轻柴油~重柴油　　0~0.5

重柴油~常压瓦斯油　　0~5.5

利用这些分馏关联图,可以校核一定规格的产品所选塔板数或确定的回流量是否合适,还可验证已定塔板数及回流量中产品的分割情况。

三、汽提方式及水蒸汽用量

汽提方式有两种:一种是采用重沸汽提也称为间接汽提,另一种是采用水蒸汽汽提也称为直接汽提。水蒸汽汽提操作简便，但增加塔内蒸汽负荷，加大所需的塔径，增加塔顶冷凝器的冷却负荷，增加锅炉水处理和污水处理的规模。因此近年来逐渐倾向于尽可能采用重沸汽提。只要有合适的热源，用间接汽提较为合理。

采用直接汽提时，通常选用压力为 0.3 MPa 温度为 400~450℃ 的过热水蒸汽，以防止出现凝结水造成突沸。油品从主塔抽出层到汽提塔出口的温降为 8~10℃，气体离开汽提塔的温度较进入的油温低 3~8℃。用重沸器汽提时，油品从抽出层到汽提塔出口温升为 17℃，气体离开汽提塔温度较进入的油温高 5.5℃。

◆ 四、精馏塔的操作压力

原油常压精馏塔通常在稍高于大气压力下工作，其可采用的最低操作压力受制于塔顶产品罐温度下的塔顶产品的泡点压力。常压精馏塔的操作压力大小与下述因素有关，当原油常压精馏塔的塔顶产品是汽油或重整原料，用水作冷却介质时，塔顶产品冷至 40℃ 左右，为了使塔顶馏分基本上全部冷凝，回流油罐需要在 0.1~0.25 MPa 压力下操作；为了使塔顶产品克服管线和冷换设备压降流到回流油罐，推荐精馏塔顶压力应比罐顶压力高 34~49 kPa。提高塔的操作压力有利于提高塔的处理能力。但原油加热不应超过最高允许温度，在保证一定拔出率情况下，塔的操作压力提高，加热炉出口温度就要相应地提高。综上所述，国内原油常压精馏塔的塔顶操作压力在 0.13~0.16 MPa。

◆ 五、精馏塔的操作温度

确定出精馏塔的各部位操作压力后，就可以确定精馏塔的各点温度。确定各点温度时，需要综合运用热平衡和相平衡两个工具，用试差法计算。计算时，要先假定某处的温度，作热平衡以求得该处的回流量和油气分压，再利用相平衡关系求得温度，若假定温度与求得的温度值之间误差小于 1% 则可，否则需要重新测算，直至满足要求为止。

1. 汽化段（进料）温度

汽化段温度就是进料的绝热闪蒸温度。此温度取决于原料油的性质、产品产率、过汽化率以及汽化段压力和水蒸汽用量等。过汽化率常以进塔原料的百分数表示,一般推荐常压塔过气化率为 2%~4%,减压塔过气化率为 3%~6%。精馏塔汽化段的温度应该是在汽化段的油气分压下,进塔油料(原油或初馏塔底油)达到指定汽化率(塔顶和侧线全部产品率加上过汽化率)的平衡汽化温度。汽化段油气分压按式(4-11)计算。

$$P_{油} = P \times \frac{n_{油}}{n_{油} + n_{汽}} \tag{4-11}$$

式中,P、$P_{油}$——汽化段压力和汽化段油气分压,MPa;

$n_{油}$——油气摩尔流率,kmol/h;

$n_{汽}$——水蒸汽摩尔流率,kmol/h。

与油气分压相对应的平衡汽化温度值,可用图表换算的方法求得,也可以用图 4-22 所示的简化方法求得。

(1)画出油料实沸点蒸馏曲线 1 和常压下平衡汽化曲线 2,过其交点作垂线 A。

(2)按照不同外压下沸点换算的方法,将上述交点温度换算为汽化段油气分压下的温度并标于垂线 A 上。过该点作线 2 的平行线 3,即是相当于汽化段油气分压下油料的平衡汽化曲线。

(3)同理,考虑转油线压力降,可作出加热炉出口处压力下油料平衡汽化曲线 4。

(4)在线 3 上找到相当于指定汽化率(如图上为 30.5%)的温度(图上为 353℃),即为分馏塔汽化段温度。

(5)校核炉出口温度 t_0。

如图 4-23 所示,从炉出口到汽化段汽化是一个绝热闪蒸过程。由于汽化所需热量由进塔油料的显热供给,加上转油线热损失,因此,炉出口温度 $t_0 > t_F$(一般高 10~20℃)。必须作转油线入口、出口处热平衡,校核 t_0 是否超过最高允许值。可以在合理的炉出口温度范围内选定 t_0 值,然后按式(4-12)校核(未考虑散热损失)。

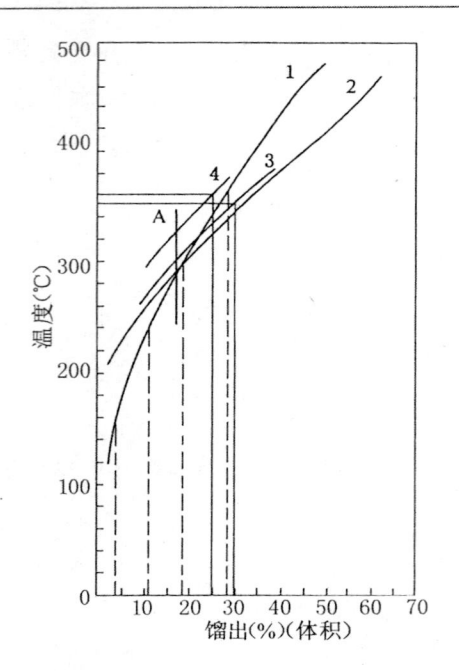

图 4-22 汽化段温度的简化求定
1—原油的实沸点蒸馏曲线;2—原油常压平衡汽化曲线;3—炉出口压力下原油平衡汽化曲线;4—汽化段油汽分压下原油平衡汽化曲线

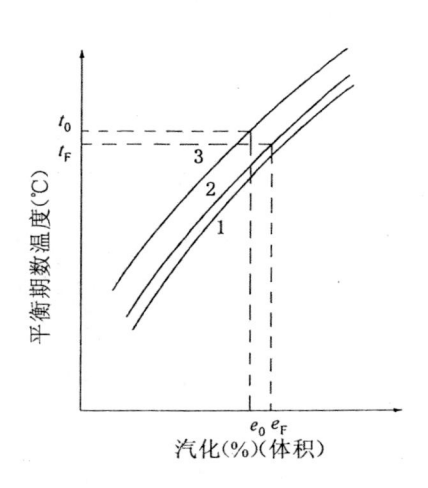

图 4-23 进料的平衡汽化曲线
1—常压下平衡汽化曲线;2—汽化段油汽分压下平衡汽化曲线;3—炉出口压力下平衡汽化曲线

$$\sum G_i \cdot q_{it_0} \geqslant \sum G'_i \cdot q_{it_F} \quad (4-12)$$

式中,G_i、G'_i——闪蒸前后油料中各组分质量流率,kg/h;

q_{it_0}、q_{it_F}——t_0、t_F 温度下各组分的焓,kJ/kg。

2. 塔底温度

进料油中未汽化的重质油与精馏段流下的回流液在汽提段中被水蒸汽汽提,当其中轻组分汽化时油料温度降低,因此塔底温度比汽化段温度低。原油精馏塔的塔底温度一般比汽化段温度低 5~10℃。

3. 侧线温度

严格地说,油品侧线抽出温度应该是未经汽提的侧线产品在该处油气分压下平衡汽化的泡点温度,比汽提后的侧线产品在同样条件下平衡汽化泡点温度略低一点。但为了简化,可按汽提后产品计算。以煤油侧线为例,其油气分压用式(4-13)计算。

$$P_{煤油}=P\cdot\frac{n_{内}}{n_{水汽}+n_{汽油}+n_{内}} \tag{4-13}$$

式中，$n_{内}$、$n_{水汽}$、$n_{汽油}$——该抽出板处内回流、水蒸汽和汽油蒸汽的摩尔流率，kmol/h；

P——煤油抽出板处压力，MPa。

通常用试差法计算，即先假定侧线温度，进行侧线以下塔段热平衡求内回流量，然后按蒸馏曲线换算法求出在该抽出板处油气分压下平衡汽化泡点温度。若计算值与上面假定值相差±5℃之内，则认为所设温度正确，否则重新设值计算。

作为近似估计，在有水蒸汽汽提时，侧线温度假设值可按该侧线产品恩氏蒸馏5%点温度值设定。在无水蒸汽汽提时，煤油、柴油可取恩氏蒸馏10%点温度，润滑油馏分取恩氏蒸馏5%点温度。

计算侧线温度时，最好从最低的侧线开始计算比较方便。因为进料段和塔底可以先行确定，则自下而上作隔离体系和热平衡时，每次只有一个侧线温度未知。为了计算油汽分压，需要分析侧线抽出板上的气相组成，该气相是由以下物料构成，即通过该层塔板上升的塔顶产品和侧线上方所有侧线产品的蒸汽，还有在该层抽出板上汽化的内回流蒸汽以及汽提水蒸汽。内回流组成可认为与该塔板抽出的侧线产品组成相同。因此，所谓的侧线产品的油气分压是指该处的内回流蒸汽分压。

4. 塔顶温度

塔顶温度可认为是塔顶产品在该处油气分压下平衡汽化的露点温度。塔顶馏出物包括塔顶产品、塔顶回流（其组成与塔顶产品相同）蒸汽、不凝气（气体烃）和水蒸汽。塔顶油气分压按式(4-14)计算。

$$P_{汽油}=P\cdot\frac{n_{汽油}+n_{回流}}{n_{水汽}+n_{汽油}+n_{回流}} \tag{4-14}$$

式中，P、$P_{汽油}$——塔顶压力和塔顶油气分压，MPa；

$n_{回流}$——塔顶回流摩尔流率，kmol/h。

精馏塔的塔顶温度也采用试差法计算，即先假设一个塔顶温度，进行全塔热平衡计算，求出塔顶回流量；然后计算在塔顶油气分压下，塔顶产品平衡汽化100%点的温度，此值若与设定值相近似，可认为假设值正确，否则重新计算。

近似估计时,可先假定塔顶温度为塔顶汽油恩氏蒸馏60％点温度。

在确定塔顶温度时,要校核水蒸汽在塔顶是否会冷凝。核算塔顶水蒸汽分压,若其数值高于塔顶温度下的饱和水蒸汽压力,水蒸汽将会在塔顶冷凝,这是不允许的。此时应考虑减少进塔水蒸汽量或降低塔顶压力重新计算。

第五章　热破坏加工

第一节　热破坏加工过程的基本原理

热裂化、减黏裂化及焦化等热加工过程的共同特点是原料油在高温下进行一系列化学反应。这些化学反应中最主要的有两大类：一类是裂解反应，使大分子烃类裂解成小分子烃类，因此可以从重质原料油得到裂解气、汽油和中间馏分；另一类是缩合反应，即原料以及反应生成的中间产物中的不饱和烃和某些芳香烃缩合成比原料分子还大的重质产物，如裂化残油和焦炭等。

由于石油馏分是由多种烃类组成的混合物。为研究石油馏分在热加工条件下的反应结果，首先研究各单体烃的化学反应，再根据单体烃在高温作用下的反应行为，考虑到各组分间的互相影响及其他的因素，就可以对某一原料在一定条件下所得的结果做出科学判断。

一、热破坏加工过程的裂解反应

1. 烷烃

烷烃在高温下主要发生裂解反应。裂解反应实质是烃分子 C—C 链断裂，裂解产物是小分子的烷烃和烯烃，反应式如下：

$$C_nH_{2n+2} \longrightarrow C_mH_{2m} + C_qH_{2q+2}$$

以十六烷为例，生成的小分子烃还可进一步反应，生成更小的烷烃和烯烃，甚至生成低分子气态烃。

$$C_{16}H_{34} \longrightarrow C_7H_{14} + C_9H_{20}$$

温度和压力对烷烃的裂解反应有重大影响。在相同的反应条件下，大分子烷烃比小分子烷烃更容易裂化。温度在 500℃ 以下，压力很高时，烷烃断链位置一般在碳链中央，这时气体产率低；温度在 500℃ 以上，压力较低时，断链位置移到碳链一端,此时气体产率增加。正构烷烃裂解时,容易生成甲烷、乙烷、乙烯、丙烯等低分子烃。

2. 环烷烃

环烷烃热稳定性较高,在高温(500～600℃)下可发生下列反应:

(1)单环环烷烃断环生成两个烯烃分子。

$$\bigcirc \longrightarrow C_2H_4 + C_3H_6$$
$$\bigcirc \longrightarrow C_2H_4 + C_4H_8$$

环己烷在更高的温度(700～800℃)下,也可裂解成烯烃和二烯烃。

$$\bigcirc \longrightarrow CH_2=CH_2 + CH_2=CH-CH=CH_2$$

(2)环烷烃在高温下发生脱氢反应生成芳烃。

$$\bigcirc \xrightarrow{-H_2} \bigcirc \xrightarrow{-H_2} \bigcirc \xrightarrow{-H_2} \bigcirc$$

低压对反应有利,双环环烷烃在高温下脱氢可生成四氢萘。

(3)带长侧链的环烷烃在裂化条件下,首先侧链断裂,然后才是开环。侧链越长越容易断裂。

$$\bigcirc-C_{10}H_{21} \longrightarrow \bigcirc-C_5H_{11} + C_5H_{10}$$

烃类裂化顺序为:烷烃≥烯烃≥环烷烃。

二、热破坏加工中的缩合反应

石油烃类在热的作用下,除了裂解反应之外,还同时进行缩合反应。缩合反应主要是在芳烃、烷基芳烃、环烷芳烃以及烯烃中进行。芳烃缩合生成大分子芳烃及稠环芳烃;烯烃之间缩合生成大分子烷烃或烯烃;芳烃和烯烃缩合成大分子芳烃。

在热破坏加工过程中裂解反应和缩合反应往往是同时进行的。实验证明,芳烃单独进行裂化时,不仅裂解反应速度低,而且生焦速度也低。如果将芳烃和烷烃或烯烃混合后再进行反应,则生焦速度大大提高。另外,烃类的热反应是复杂的平行顺序反应。

根据大量实验结果,热反应中焦炭的生成过程大致如下:

芳烃 ⎫
烷烃→烯烃 ⎬ 缩合产物→胶质、沥青质→炭青质→焦炭

第二节　减黏裂化

减黏裂化是以常压重油或减压渣油为原料进行浅度热裂化反应的一种热加工过程。减黏裂化的主要目的是减小高黏度燃料油的黏度和倾点,改善其运输和燃烧性能。在减黏的同时也生产一些其他产品,主要有气体、石脑油、瓦斯油和减黏渣油。现代减黏裂化也有一些其他目的,如生产裂化原料油,把渣油转化为馏分油用作催化裂化装置的原料。减黏裂化具有投资少、工艺简单、效益高的特点。

一、原料油和产品

1. 原料油

常用的减黏裂化原料油有常压重油、减压渣油和脱沥青油。原料油的组成和性质对减黏裂化过程的操作和产品分布与质量都有影响,主要影响指标有原料的沥青质含量、残炭值、特性因数、黏度、硫含量、氮含量及金属含量等。

2. 产品

减黏裂化的产品主要有裂化气体、减压石脑油、减黏柴油、减黏重瓦斯油及减黏渣油。减黏裂化气体产率较低,约为2%,一般不再分出液化气,脱除H_2S后送至燃料气系统。减黏石脑油组分的烯烃含量较高,安定性差,辛烷值约为80,经过脱硫后可直接用作汽油调和组分;重石脑油组分经过加氢处理脱除硫及烯烃后,可作为催化重整原料;也可将全部减黏石脑油送至催化裂化装置,经过再加工后可以改善稳定性,然后再脱硫醇。减黏柴油含有烯烃和双烯烃,故安定性差,需经过加氢处理才能作为柴油调和组分。减黏重瓦斯油的性质主要与原料油性质有关,其性质介于直馏减压柴油和焦化重瓦斯油的性质之间,其芳烃含量一般比直馏减压柴油高。减黏渣油可直接作为重燃料油组分,也可通过减压闪蒸拔出重瓦斯油作为催化裂化原料。

二、减黏裂化工艺流程

热破坏加工可以分为下流式减黏工艺与上流式减黏工艺。早期采用的下流式减黏工艺,反应物料在反应塔内自上向下流动,进行气液两相反应,具有反应温度高、停留时间长、开工周期短的特点。后来发展的炉管式减黏裂化是下流式减黏的改进,停留时间很短、开工周期稍长。再后来开发的上流式减黏裂化,主要反应仍在反应塔内进行,但反应物料进行的是液相反应,返混少、反应均匀。同时它的反应温度低、结焦很少、装置运转周期长。图 5-1 为上流式减黏裂化工艺原理流程,这一工艺已在我国大多数炼油厂中应用。

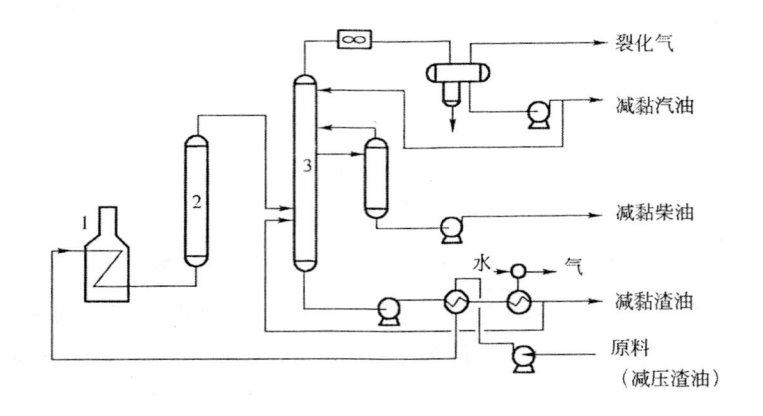

图 5-1 上流式减黏裂化工艺原理流程
1—加热炉;2—反应塔;3—分馏塔

原料油(常压或减压渣油)从罐中用泵抽出送入加热炉(或相继进入加热炉和反应塔),进行裂化反应后的混合物送入分馏塔。为尽快终止反应、避免结焦,必须在进分馏塔之前的混合物中和分馏塔塔底打进急冷油。从分馏塔分出气体、汽油、柴油、蜡油及减黏渣油。

根据热加工过程的原理,减黏裂化是将重质原料裂化为轻质产品,从而降低粘度;但同时又发生缩合反应,生成焦炭,焦炭会沉积在炉管上,影响开工周期,且所产燃料油安定性差。因此,必须控制一定的转化率。

为了达到要求的转化率,可以采用低温长反应时间,也可以采用高温短反应时间。反应温度与停留时间的关系见表 5-1。

表 5-1　反应温度与停留时间的关系

反应温度(℃)	停留时间(min)	反应温度(℃)	停留时间(min)
410	32	470	2
425	16(塔式减黏)	485	1(炉管式减黏)
440	8	500	0.5
455	4		

目前，国内减黏裂化装置的主要任务是最大限度地降低燃料油黏度，节省燃料油调和时所需的轻质油，从而增产轻质油，即不是以生产轻质油品为主要目的，所以对反应深度要求不高，适宜采用上流反应塔式减黏工艺。

第三节　焦炭化的方法

焦炭化（简称焦化）是深度热裂化过程，也是处理渣油的手段之一。它是唯一能生产石油焦的工艺过程，是任何其他过程无法代替的。欲从原油中得到更多的轻质油，炼油工业采用的是加氢和脱碳两类工艺过程，加氢过程如加氢裂化等，而焦化过程则属于脱碳过程。

焦化是以贫氢的重质油料（如减压渣油、裂化渣油等）为原料，在高温下进行深度热裂化反应。在此过程中使渣油的一部分转化为焦化气体、汽油、柴油和蜡油，另一部分热缩合反应生成工业上需求量大的石油焦。也正是这个原因，在现代炼油工业中，当有些热加工过程被催化过程所代替时，焦化过程仍然占有相当重要的地位。另外，焦化工艺过程简单，对设备要求不是很高；焦化技术不断改进，也是促进其继续发展的原因之一。

炼油工业中曾经用过的焦化方法主要是釜式焦化、平炉焦化、接触焦化、流化焦化、灵活焦化和延迟焦化等。

釜式及平炉焦化均为间歇式操作，由于技术落后，劳动强度大，早已被淘汰。

接触焦化也叫移动床焦化，以颗粒状焦炭为热载体，使原料油在灼热的焦炭表面结焦。接触焦化设备复杂，维修费用高，工业上没得到发展。

流化焦化采用流化床进行反应，生产连续性强，效率高。流化焦化技术的过程较复杂，新建装置投资大，应用较少，仅占焦化总能力的20%左右。但所产的石油焦可流化,用于流化床锅炉较方便。近年来流化床锅炉的推广应用使流化焦化技术的竞争力有所增强。

灵活焦化在工艺上与流化焦化相似,只多设了一个流化床的汽化器。在汽化器中,生成的焦炭与空气在高温(800～950℃)下反应产生空气煤气。灵活焦化过程除生产焦化气体、液体外,还生产空气煤气,但不生产石油焦。灵活焦化过程虽解决了焦炭问题,但因其技术和操作复杂、投资高,且大量低热值的空气煤气出路不畅,近年来并未获得广泛应用。

延迟焦化应用最广泛,是炼油厂提高轻质油收率和生产石油焦的主要手段。目前延迟焦化装置占全世界焦化装置的85%以上。延迟焦化的特点是将重质渣油以很高的流速,在高热强度条件下通过加热炉管,在短时间内达到反应温度后,迅速离开加热炉,进入焦炭塔的反应空间,使裂化缩合反应"延迟"到焦炭塔内进行,由此得名"延迟焦化"。

一、延迟焦化的原料和产品

1. 原料

延迟焦化的原料来源比较广泛,大致分为两类:一类是减压渣油,另一类是二次加工渣油,如裂化渣油、裂解焦油等。选择焦化原料时主要考虑原料的组成性质,如密度、特性因数、残炭值、硫含量、金属含量等,以预测焦化产品的分布与质量。

2. 产品

延迟焦化过程的产品包括气体、汽油、柴油、蜡油和石油焦,产品分布与原料油的性质有关。焦化属深度热裂化过程,其产品性质具有明显的热加工特性。

(1)气体。焦化气体含有较多的甲烷、乙烷和少量烯烃,也含有一定量的H_2S,可作为燃料,也可作为制氢及其他化工过程的原料。

(2)汽油。焦化汽油中不饱和烃含量(如烯烃)较高,且含有较多的硫、氮等非烃化合物,因此安定性较差。其辛烷值随原料及操作条件不同而不同,一般为50～60,常须经加氢精制,才可作为车用汽油组分。焦化重汽油馏分经过加氢处理后可作为催化重整原料。

(3)柴油。焦化柴油和焦化汽油有相同的特点,安定性差,且残炭较高,以石蜡基原油的减压渣油为原料时所得焦化柴油的十六烷值较高。焦化柴油也须经加氢精制后才能成为合格产品。

由于在焦化过程中，转化为焦炭的烃类所释放的氢转移至蜡油、柴油和气体中，且原料中的氢转移方向不同于催化裂化，因此焦化柴油的质量明显好于催化柴油。

(4) 蜡油。焦化瓦斯油(CGO)一般指350~500℃的焦化馏出油，国内通常称为焦化蜡油。焦化蜡油与同一原油的直馏减压瓦斯油(VGO，也叫直馏蜡油)相比，重金属含量较低，而硫、氮、芳烃、胶质含量和残炭值较高，饱和烃含量却较低，多环芳烃含量较高，可以作为催化裂化或加氢裂化装置的原料。但用焦化蜡油作为催化裂化的原料时，碱性化物含量较高会引起催化剂严重失活，降低催化裂化的转化率并恶化产品分布。因此只能作为催化裂化的掺兑原料，一般掺入20%左右。

(5) 石油焦。石油焦是延迟焦化过程的特有产品。由于我国的原油以石蜡基原油为主，渣油中的沥青质和硫含量均较低，因此延迟焦化生产的石油焦属于低硫的普通焦，一般含硫量都低于2%。从焦炭塔出来的生焦含有8%~12%的挥发分，经1300℃煅烧成为熟焦，挥发分可降至0.5%以下，应用于冶炼工业和化学工业。

此外，具有重要应用价值的针状焦也属焦化产品。

二、延迟焦化的工艺流程

延迟焦化的特点是原料油在管式加热炉中被快速加热，达到500℃高温后迅速进入焦炭塔内，停留足够的时间进行深度裂化反应。使得原料的生焦过程不在炉管内而延迟到塔内进行。这样可避免炉管内结焦，延长运转周期。延迟焦化装置的生产工艺分焦化和除焦两部分：焦化为连续操作，除焦为间歇操作。由于工业装置一般设有两个或四个焦炭塔，所以整个生产过程仍为连续操作。

典型的延迟焦化工艺流程如图5-2所示。

原料经预热后，先进入分馏塔下部，与焦炭塔塔顶过来的焦化油气在塔内接触换热，一是使原料被加热，二是将过热的焦化油气降温到可进行分馏的温度(一般分馏塔塔底温度不宜超过400℃)，同时把原料中的轻组分蒸发出来。焦化油气中相当于原料油沸程的部分称为循环油，随原料一起从分馏塔塔底抽出,打入加热炉辐射室,加热到 500℃左右通过四通阀从底部进入焦炭塔,进行焦化反应。为了防止油在炉管内反应结焦,需向炉管内注水,以加大管内流速(一般为 2 m/s 以上),缩短油在管内的停留时间,注水量约为原料油的 2%。

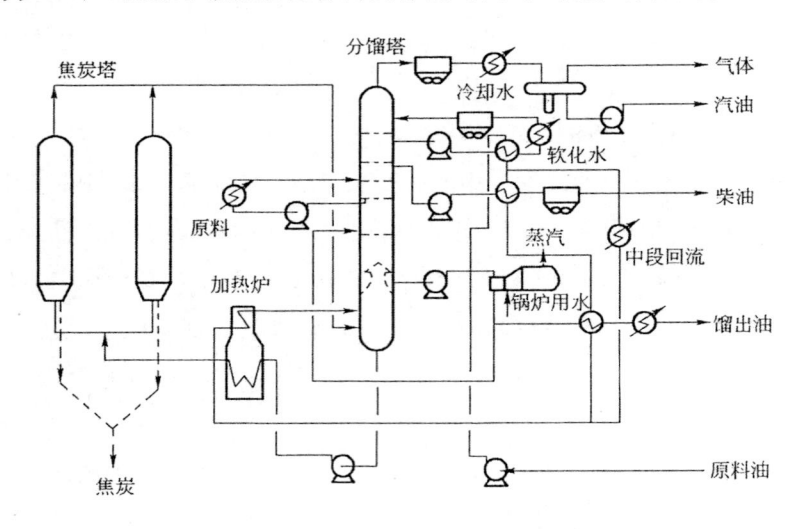

图 5-2　延迟焦化工艺流程

进入焦炭塔的高温渣油,需在塔内停留足够时间,充分进行反应。反应生成的油气从焦炭塔顶引出进分馏塔,分出焦化气体、汽油、柴油和蜡油,塔底循环油与原料一起再进行焦化反应。焦化生成的焦炭留在焦炭塔内,通过水力除焦从塔内排出。

焦炭塔采用间歇式操作,至少要有两个塔切换使用,以保证装置操作连续。每个塔的切换周期包括生焦、除焦及各辅助操作过程所需的全部时间。对于两炉四塔的焦化装置,一个周期约 48 h,其中生焦过程约占一半。生焦时间的长短取决于原料性质以及对焦炭质量的要求。

三、影响延迟焦化的主要因素

1. 反应温度

焦化过程的反应温度一般指的是加热炉出口温度,它是焦化装置的重要操作指标。此温度的变化直接影响到焦炭塔内的温度和反应深度,从而影响焦化产品的分布和质量。温度太低,焦化反应不足,焦炭成熟不够,其挥发分太高,除焦困难;温度太高,焦化反应过深,气体、汽油的产率增大,蜡油产率减少,焦炭中的挥发分降低,焦炭变软,也会造成除焦困难。此外,温度过高,炉管容易结焦,开工周期缩短。因此,加热炉出口温度通常为495~505℃。

2. 反应压力

反应压力指的是焦炭塔顶的操作压力。反应压力直接影响油品在焦炭塔内的停留时间,对焦化的产品分布也有一定的影响。压力太高,油品在塔中的停留时间长,反应深度加大,气体和焦炭产率增加,液体收率下降,焦炭中的挥发分也有所增加;压力太低,反应时间缩短,反应深度不够,更重要的是不能克服后路分馏塔及其他系统的阻力。因此,在保证一定的反应深度和克服系统阻力的前提下,采用较低的反应压力较好,通常为0.15~0.17 MPa。

3. 循环比

焦化过程的循环比是指焦化分馏塔中比焦化蜡油重的(塔底)循环油与新鲜原料量的比值表示循环量的大小,也有用加热炉进料量与原料油量的比值称联合循环比来表示循环量的大小。循环比或联合循环比对焦化装置的加工量、产量、焦化产品的分布和性质都有较大的影响。一般循环比增加,焦化气、柴油的收率也增加,而焦化蜡油的收率减少,焦炭和焦化气体的收率增加。另外,提高循环比会使焦化装置的加工能力下降。因此采用小循环比操作,减少汽油、柴油馏分的收率,提高焦化蜡油的产量,可以增加催化裂化或加氢裂化的原料,同时扩大装置的处理能力,已成为我国近年来焦化工艺的发展方向。值得一提的是:小循环比操作的汽油、柴油馏分收率虽然较低,但由于处理量的提高,汽油、柴油馏分的产量非但不会减少,而且还会有所增加。

延迟焦化的主要操作条件列于表5-2。

表5-2 延迟焦化的主要操作条件

操作条件		普通焦
操作温度(℃)	加热炉出口	495~505
	焦炭塔顶	420~440
	分馏塔塔顶亚	110~120
	分馏塔塔底	380~400
焦炭塔顶操作压力(MPa)		0.15~0.17
联合循环比		1.3~1.5

四、延迟焦化的主要设备

延迟焦化装置主要设备包括加热炉、焦炭塔、水力除焦系统、焦化分馏塔等。焦化分馏塔与催化裂化分馏塔很相似，在此仅对其做简单介绍。

1. 加热炉

焦化加热炉是延迟焦化装置的核心设备，它为整个装置提供热量。把重质渣油加热至500℃的高温，必须使油料在炉管内具有较高的线速，以缩短在炉管内的停留时间；同时要提供均匀的热场，消除局部过热，防止炉管短期结焦，保证稳定操作和长周期运转。采用在加热炉辐射段入口处注入1%左右水的措施可提高流速同时改善流体的传热性能。目前延迟焦化装置常采用立式炉和无焰燃烧炉。

2. 焦炭塔

焦炭塔实际上是一个空的容器，是焦化反应主要进行的场所，生成的焦炭也积存在塔内。焦炭塔的顶部设有油气出口、除焦口、放空口；塔侧的不同高度装有料位计，监测焦炭的高度；塔的底部为锥形，底端有进料口和排焦口，正常生产时用法兰盖封死，排焦时打开。

3. 水力除焦系统

水力除焦系统有两种形式，即有井架水力除焦和无井架水力除焦。有井架除焦装置钢材用量较多，投资较大，但设备固定在钢架上，结构坚固，操作稳便，水龙带等材料消耗少，操作费用较低。无井架除焦因省去了井架，钢材用量较少，减少了投资，但高压水胶管容易破裂，而且焦质硬时，除焦时间长。

第六章　延迟焦化加工

延迟焦化装置是炼厂重要的重质油加工装置之一，装置的原料主要是常减压蒸馏装置的减压渣油，其特点是胶质、沥青质含量较高，环烷烃、芳香烃较多，黏度大，馏程基本在 550℃ 以上。经过延迟焦化工艺裂解后可以得到裂解气、汽油、柴油、蜡油和石油焦等馏分，工艺过程中发生了裂解、缩合反应，气体和液体产品中都含有大量的烯烃，产品安定性差，容易发生氧化和聚合反应。行业内认为，聚合反应是烯烃、芳烃共同作用的结果。

第一节　延迟焦化工艺原理

延迟焦化装置的裂解气排至全厂的低压燃料气管网；汽油馏分因辛烷值低、安定性差、诱导期短、杂质多、烯烃含量超标等原因，需输送至催化重整装置进行脱除杂质和提高辛烷值的工艺。柴油馏分杂质多、色度大、安定性差、十六烷值低等，需输送至柴油加氢装置进行精制、改质处理。蜡油的馏程与常减压蒸馏装置的减压馏分油相似，但其烯烃含量较多，安定性差，容易发生聚合反应，不宜作为润滑油脱油脱蜡装置原料，而需输送至催化裂化装置进行裂解，生成气体、汽油、柴油等馏分，提高轻质燃料油的收率。图 6-1 为延迟焦化装置在炼厂加工流程中的位置。

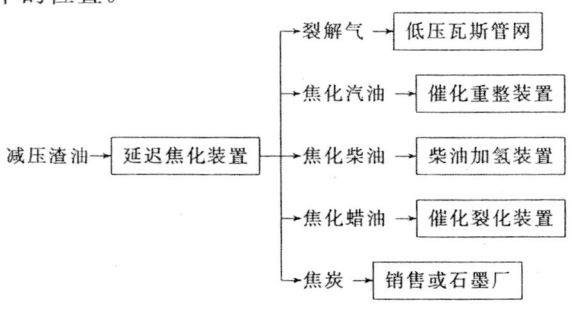

图 6-1　延迟焦化装置在炼厂加工流程中的位置

在延迟焦化装置流程中,主要有反应系统和分馏系统,反应系统的主要设备是焦炭塔,其内部发生减压渣油所含有组分的烃类反应。

一、烷烃

烷烃的热反应主要表现在 C—C 键和 C—H 键的断裂,并有以下特点。

①C—C 键较 C—H 键易断裂。

②随着烷烃分子增大,C—C 键和 C—H 键的热稳定性下降,易断裂。

③异构烷烃中的 C—C 键和 C—H 键比正构烷烃中的易断裂。

④长链烷烃中,越靠近中间的 C—C 键越易断裂。

随着反应程度的加深,烷烃的热反应产物中小分子烷烃含量增加,正构烷烃含量增加,异构烷烃含量减少,烯烃含量增加。

二、芳香烃

反应时,带有侧链的芳香烃先断侧链,侧链越长,越易断裂。侧链断开后的芳香烃,热稳定性最好。一般条件下芳环不会断裂,但会与烯烃发生缩合反应,生成环数更多的稠环芳烃,直至生成焦炭。

三、环烷烃

环烷烃的稳定性居于烷烃和芳香烃之间,它在高温下既可发生裂解反应,又可发生脱氢反应。裂解反应中,环烷烃一般先断侧链,侧链越长,越易断裂。环烷烃的断裂,多环开环易于单环开环,环烷烃的断裂将生成烯烃及二烯烃。在环烷烃的脱氢反应中,也是多环易于单环,单环环烷烃脱氢在 600℃ 以上才能进行,但双环环烷烃在 500℃ 左右就能发生,生成环烯烃,然后进一步脱氢生成芳烃。

四、烯烃

减压渣油馏分中几乎不含有烯烃,但是延迟焦化过程是重油裂解反应过程,反应产物中会生成大量烯烃,烯烃的热反应主要有裂解和缩合,而且这两种反应交叉进行,使得整体烃类的热反应变得复杂。一般认为,在低温、高压下,烯烃主要进行叠合反应,当温度升高到 400℃ 以上时,裂解反应表现突出,当温度超过600℃时,烯烃缩合生成芳烃。

总体来说,烃类的热反应是复杂的平行顺序反应,即裂解反应和缩合反应呈现动态不断进行。裂解反应使得产物中烃类分子越来越小,缩合反应生成分子越来越大的稠环芳烃,最终生成焦炭。烃类平行—顺序反应如图6-2所示。

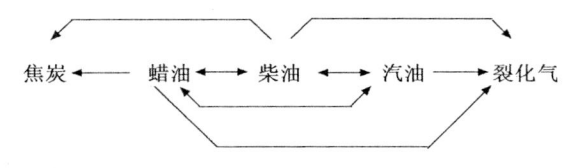

焦炭 ← 蜡油 ↔ 柴油 ↔ 汽油 → 裂化气

图6-2 烃类平行—顺序反应

延迟焦化工艺的任务,是确定好反应时间和反应条件,实现良好的反应深度,使烃类平行—顺序反应中的汽油、柴油馏分产率最高。

第二节 延迟焦化工艺流程

如图6-3所示,从常减压蒸馏装置来的减压渣油,先进入焦化装置的原料缓冲罐,罐内空间密闭,并充有惰性气体或者燃料气体,保持罐内有稳定的压力,罐底有热源盘管持续加热,维持缓冲罐恒定在一定温度,罐内的液位也要维持一定高度,在这个前提下,对流泵上量和输出才会平稳,这就要求常减压蒸馏装置来的减压渣油量也要稳定。对流泵输出的原料,经过换热器换热后进入加热炉的对流室加热,升温至300℃进入分馏塔塔底部人字型挡板的上方,分馏塔塔顶亚压力是0.06 MPa,而常减压蒸馏装置的减压塔顶压力不足3 kPa,塔底温度约390℃,所以新鲜减压渣油原料进入焦化分馏塔属于进入了低温高压环境,组分不会汽化而全部流向分馏塔塔底部,减压渣油从分馏塔塔底部引出,经过辐射泵加压后,进入加热炉的辐射室加热,升温至500℃,通过四通阀从底部进入焦炭塔,焦炭塔两塔操作,交替运行,在焦炭塔内完成烃类平行—顺序反应过程。切换后的焦炭塔是用高压高温水力除焦,切下来的焦炭直接引入储焦池,冷却后作为炼厂成品外输。

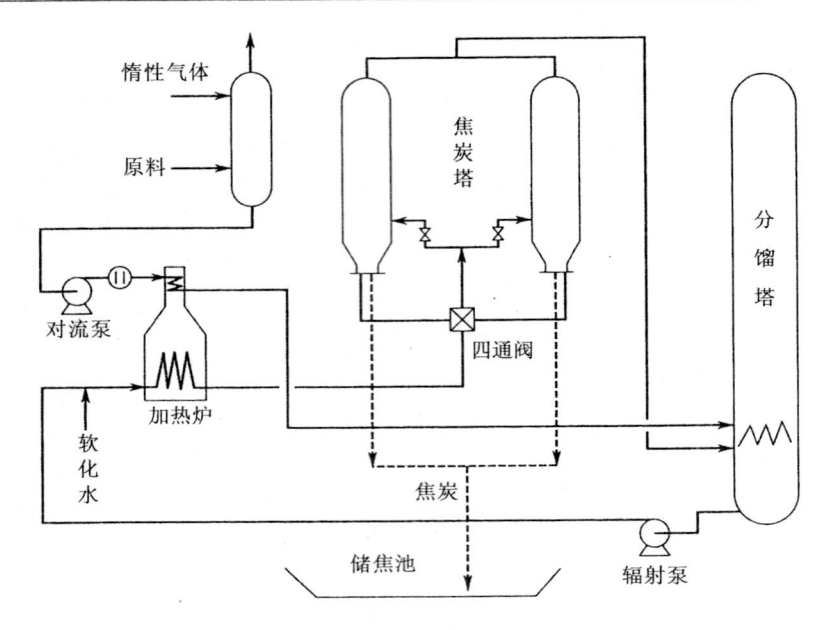

图 6-3　延迟焦化反应系统工艺流程

延迟焦化是指在加热炉管中控制原料油基本上不发生裂化反应,而延缓至专设的焦化反应器——焦炭塔中进行裂化反应。为了防止减压渣油在辐射炉管结焦,常采用注水的方式来增大炉管内介质的流动速度,使在加热炉炉管中已经具备反应条件的重质油推迟到焦炭塔中发生裂解反应,减少和避免重质芳香烃类在炉管热区滞留缩合而成焦炭。在焦化反应中,重质芳香烃是生焦的必要物质。汽油、柴油是延迟焦化装置的目标产物,所以在进行烃类平行—顺序反应时,应注意选择的工况应处在有利于增产汽油、柴油的反应温度和反应压力条件下,尽量减少石油焦和裂化气的产量。加热炉防结焦措施除了在进炉炉管处加注软化水外,炉管材质要导热快,加热炉辐射室热分布要均匀。焦炭塔在结焦过程中,并不是全塔全部结焦完成后再切换进入另一个焦炭塔,而是结焦到塔高 2/3 处就进行切换。另外,在焦炭塔塔顶喷入消泡剂降低结焦焦泡的高度。这些措施都是为了防止焦炭塔的焦沫进入到分馏塔中,造成分馏塔塔底结焦。表 6-1 为中石油某炼厂延迟焦化装置主要操作条件。

表 6-1 延迟焦化装置主要操作条件

项目	控制指标	项目	控制指标
辐射出口温度(℃)	500±1	分馏塔塔顶亚压力(MPa)	0.06
对流出口温度(℃)	300~345	分馏塔塔底液位(%)	50~80
炉膛温度(℃)	不大于 780	焦炭塔顶温度(℃)	不大于 425
分馏塔塔底温度(℃)	不大于 380	焦炭塔顶压力(MPa)	不大于 0.25
分馏塔塔顶亚温度(℃)	125		

延迟焦化装置分馏系统工艺流程如图 6-4 所示。焦炭塔内裂解的油气从塔顶引出,温度约为 420℃,处于过热状态,进入分馏塔塔底部人字型挡板下方,在分馏塔内与人字型挡板上方进入的新鲜原料在人字型挡板处进行充分的热交换,最终在进料口的上方蒸发板达到 380℃,这个温度是焦化分馏塔正常精馏的条件。分馏塔从塔顶往下,产品依次是裂解气及汽油、柴油、蜡油等馏分,塔底油全部引出,返回至辐射室重新加热裂解。减压渣油在焦炭塔内发生裂解和缩合反应,仍有近似减压渣油原料的中间产品还需二次反应,所以在分馏塔塔底引出的辐射泵进料中,既有新鲜减压渣油,又有二次反应加工料。在理论上辐射泵出口流量等于对流泵出口流量加上二次反应加工料的量。实际上在二次反应加工料里,并不是在二次反应中全部裂解和缩合成装置产品,有部分料还要参加三次反应、四次反应,最终会裂解和缩合成装置产品。

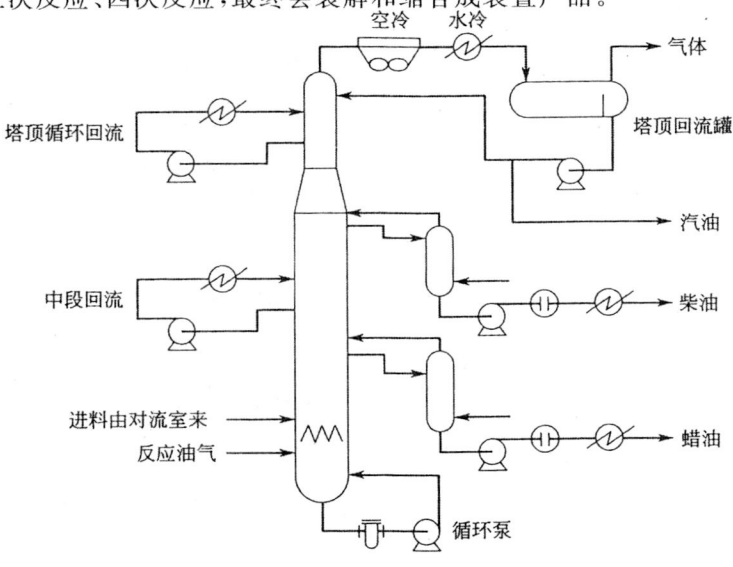

图 6-4 延迟焦化分馏系统工艺流程

焦化分馏塔的精馏过程与常减压蒸馏装置的常压塔相似。塔顶罐引出的气体中烯烃含量较多，是较好的化工原料，输送至气分装置分离得到相应的化工装置原料。

焦化汽油控制其终馏点不大于180℃，比直馏汽油高出10℃，因为焦化装置产品中杂质含量较多，不适合生产喷气燃料原料。焦化汽油烯烃含量较多，易发生氧化反应，所以油罐储存时间不可过长，进入到催化重整装置前的中转时间越短越好。目前，国内大多数炼厂实现了直输加工链。因焦化汽油杂质含量较高，需要催化重整装置的精制反应器具有高氢气压力，催化剂稳定性要好。焦化汽油的烯烃含量在60%以上，因此辛烷值要比直馏汽油的辛烷值高一些。

焦化柴油下一道工艺是柴油加氢精制和改质。减压渣油里含有较多的杂质，所以焦化装置所有产品杂质含量都较高，焦化柴油需要到柴油加氢装置的精制反应器内进行加氢除杂质反应。另外，因为焦化柴油的十六烷值低，烯烃、芳烃含量均较直馏柴油高，所以焦化柴油需要进行芳烃开环和烯烃饱和生成烷烃的反应，以满足车用柴油十六烷值的国家标准。

延迟焦化装置加工的原料是常减压蒸馏装置的减压渣油，减压渣油是黏度较大的重油，流动性很差，如果两个装置距离较远，还要考虑减压渣油温度的问题，只有减压渣油温度高，其流动性才会好。常减压蒸馏装置的减压渣油外放温度只要达到延迟焦化装置的流动性要求即可，如果减压渣油温度过高，会造成热量损失。一般减压渣油进入延迟焦化装置的温度的控制要求，与减压渣油的组成（黏度）、环境温度、保温材质有关系。

第三节　延迟焦化工艺生产操作

延迟焦化装置的特点是原料重，加工过程温度较高，装置的管线及设备容易结焦而发生堵塞和腐蚀。在生产时，需加强监控DCS温度、压力、流量、液位等参数，及时掌握装置现场的加工动态，分析判断装置生产的变化趋势，及时调整参数。

一、加热炉辐射出口温度

加热炉是延迟焦化装置中的热源，由于延迟焦化装置中所有的高温设备容易发生不理想的结焦反应,所以加热炉的运行状况会直接影响装置的运行水平和生产周期。加热炉分为两个部分,一是对流室,加热进入装置的新鲜原料;二是辐射室,辐射室是装置主要的热量来源,加热由分馏塔塔底来的混合原料,使其温度达到500℃,高温度下原料很容易发生缩合反应。为防止炉管结焦,炉管的材质要有良好的传热效率;进炉前的炉管要注汽或注水,增大介质在炉管中的流速,减少介质在炉管中的停留时间;炉膛的热量分布要均匀,炉管的环向受热要均匀。

加热炉辐射室炉出口温度直接影响焦炭塔内反应深度,进而影响反应产物的产率分配和产品质量。如图6-5所示,加热炉辐射出口温度的影响因素有燃料气和燃料油的压力及组成变化;辐射进料的组成、流量及温度变化;对流进料流量及温升变化;烟气氧含量及烟气余热利用效率等。

1. 燃料气和燃料油的压力及组成变化

保持其他工况条件不变,燃料气和燃料油的压力增大,相当于增大了燃料气及燃料油的流量,供热量增大炉出口的温度升高。

延迟焦化装置的燃料气由装置外供,燃料油是焦化蜡油,如果上述燃料的组成发生变化,会影响到它们的热值,加热炉的供热量也会发生变化,导致辐射出口温度波动。

2. 辐射进料的组成、流量及温度变化

经过加热炉对流室加热的新鲜减压渣油进入到分馏塔后,几乎全部都进入到加热炉辐射室加热,在焦炭塔发生裂解和缩合反应后,过热的油气进入到分馏塔进行精馏。在分馏塔内汽化的组分有裂解的气体、焦化汽油、焦化柴油和焦化蜡油等,剩下的组分仍为液相聚集在分馏塔塔底,经过分馏塔塔底的辐射泵驱动重新进入加热炉辐射室加热,进行二次的裂解和缩合。因此,加热炉辐射室进料实际是新鲜减压渣油和二次反应料之和。如果分馏塔的操作发生波动,将会导致二次反应料在组成、流量和温度方面发生变化,使加热炉辐射室的进料组成、流量和温度发生变化,加热炉的热量不变,辐射炉出口温度必定发生变化。

在延迟焦化装置中,循环比是指二次反应料流量与新鲜原料流量的比值,联合循环比是指二次反应料流量、新鲜原料流量之和与新鲜原料流量的比值,流量的单位为t/h。

$$循环比 = \frac{二次反应料流量}{新鲜原料流量} \quad (6\text{-}1)$$

$$联合循环比 = \frac{二次反应料流量 + 新鲜原料流量}{新鲜原料流量} \quad (6\text{-}2)$$

工业上称二次反应料为循环油,循环油量越大,即辐射进料的循环比越大,说明新鲜原料越重、越易结焦,单程转化率偏低而必须加大反应深度。采用较大的循环比,相当于增加了反应时间,将导致装置产物中的气体、汽油馏分和焦炭的产率增大,柴油和蜡油馏分产率小。

3. 对流进料流量及温升变化

如图 6-5 所示,加热炉的热量用来加热两股进料,一是辐射进料,二是对流进料。若保持辐射进料的组成、流量和温度不变,对流进料的流量和温升发生变化,将影响加热炉对辐射进料的供热量,导致辐射出口温度发生变化。

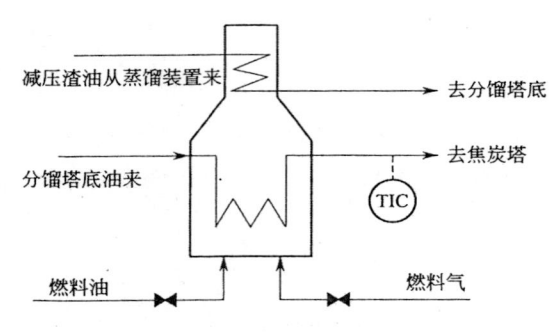

图 6-5 加热炉辐射出口温度示意图

4. 烟气氧含量

保持加热炉内有一定的氧含量(由化验分析中心取样分析得出),是燃料在炉中能够完全燃烧的前提,也是燃料放出最大能量的前提。所以在一定范围内,氧含量越高,可使燃料(特别是燃料油)燃烧越充分,提供的热量就越大,加热炉出口温度就会越高。反之,氧含量越低,则炉出口温度就会越低。但是氧含量不可超高,多余的氧需要提供过多的冷风,需要消耗预热冷风的能量。

5. 烟气余热利用效率

氧含量是由进炉空气提供的,进炉空气会消耗加热炉的热量,进炉空气的温度越高,消耗加热炉的热量就越少,会有更多的热量去加热炉管内的介质,炉出口的温度就会越高。反之,进炉空气温度越低,本来应该加热炉管内介质的热量会预热进炉的空气,则炉出口的温度就会下降。

二、加热炉对流出口温度

加热炉对流室用以加热新鲜减压渣油,使其温度提升至300℃以上进入到分馏塔塔底人字型挡板上方,与人字型挡板下方进料的过热反应油气混合,使分馏塔蒸发塔板的温度达到约380℃。此温度的高与低,对于焦化蜡油的产量及馏程都有很大的影响,也会影响循环油的组成和流量。循环比发生变化将会导致很多反应参数发生变化,操作发生紊乱,因此稳定加热炉对流出口温度也较为重要。加热炉对流出口温度的影响因素有:燃料气、燃料油的压力及组成变化;对流进料的组成、流量及温度变化;辐射进料流量及温升变化;烟气氧含量及烟气余热利用效率等。

1. 对流进料的组成、流量及温度变化

加热炉对流段进料流量一般受到分馏塔塔底液位的影响,液位若偏低,简洁而有效,且不影响全装置平稳运行的手段为提高加热炉对流段的流量,也就是提高装置原料处理量,而加热炉对流出口温度的一个重要影响因素为对流进料量。

对流进料即常减压蒸馏装置的减压渣油,当常减压蒸馏装置的减压塔采用深拔操作时,将会改变减压渣油的组成,使其重组分的含量增加,如果对流进料流量不变,如不及时调节燃料气和燃料油的流量,则会使对流出口温度发生变化。

2. 辐射进料流量及温升变化

加热炉的热量,用来加热对流进料的同时也加热辐射进料。若保持对流进料的组成、流量和温度不变,辐射进料的流量和温升会发生变化,将会影响加热炉对对流进料的供热量,导致对流出口温度发生变化。辐射进料组成和流量的变化,一般认为受分馏塔蒸发塔板温度和分馏塔塔顶亚压力的影响较大。

三、焦炭塔顶压力

焦炭塔是原料中的胶质、沥青质缩合生焦的场所是一个空塔,它为加热炉辐射出料裂解和结焦过程提供了空间。焦炭塔一般是双塔交替工作,即一个塔进行裂解和结焦,另一个塔进行清焦。如图 6-6 所示,对于单个焦炭塔来说,它的工作周期是:结焦结束—切换停止进料—塔底注蒸汽汽提—冷却水喷淋冷却—开塔顶人孔和塔底卸焦孔—水钻头纵向打洞—切换水钻头由上至下横向清焦—干燥—塔顶塔底封口—试压—油气预热—切换—进料结焦—结焦结束。

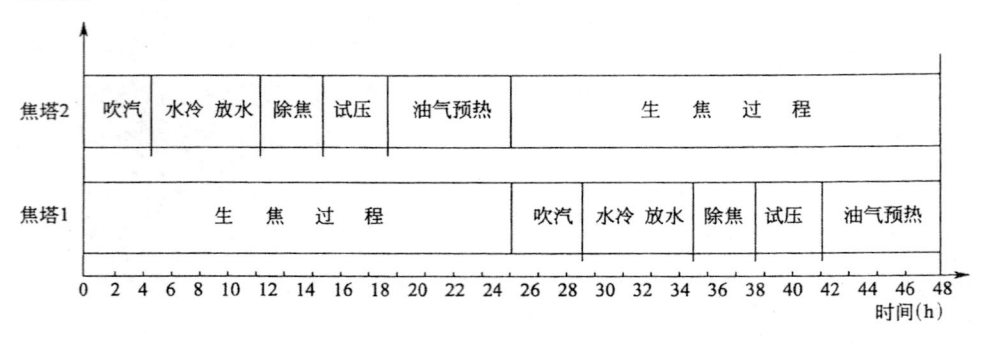

焦塔2	吹汽	水冷 放水	除焦	试压	油气预热	生 焦 过 程
焦塔1	生 焦 过 程				吹汽	水冷 放水	除焦	试压	油气预热

0 2 4 6 8 10 12 14 16 18 20 22 24 26 28 30 32 34 36 38 40 42 44 46 48
时间(h)

图 6-6 焦炭塔操作生产周期工序

油气在焦炭塔结焦的过程中,要保持一定的线速,即油气垂直通过焦炭塔的速度。如果线速过高,会夹带焦沫进入分馏塔,造成分馏塔累积焦沫越来越多,在分馏塔塔底发生缩合反应而堵塞分馏塔塔底,造成结焦,影响分馏塔的生产周期。如果线速过低,会增加油气在焦炭塔的停留时间,使不理想的二次反应增加,减小了理想产物的收率,增大了气体的收率,减小了装置效益,同时也影响了装置的处理量。焦炭塔内反应压力是操作条件的一项重要参数,反应压力提高,反应速率均提高,但不意味着理想产物的产率提高,所以焦炭塔内的压力要控制在工艺要求的范围内,使得汽油、柴油馏分的产率最高。焦炭塔顶压力的影响因素有焦炭塔进料流量变化;焦炭塔出料流量及分馏塔压力变化;焦炭塔进料组成变化;辐射出口温度变化等。

四、分馏塔塔顶亚压力

保持分馏塔塔顶温度不变,塔顶压力变化影响产品(焦化汽油)的终馏点,如果塔顶压力降低,降低了烃类的沸点,则分馏塔内本不该汽化的馏分汽化,并从塔顶馏出,致使焦化汽油终馏点和焦化柴油初馏点偏高,一般分馏塔塔顶压力(表压)控制在 0.06 MPa 左右。分馏塔塔顶亚压力的影响因素有塔顶温度、塔顶空冷风机的冷却力度、塔顶罐气体外排流量等。

1. 塔顶温度

随着塔顶温度升高,更多的组分汽化冲至塔顶,塔顶的气相负荷变大压力升高。反之,塔顶温度降低,冲至塔顶汽化的轻组分变少,塔顶的气相负荷变小压力降低。

2. 塔顶空冷风机的冷却力度

分馏塔塔顶亚油气先经过空气冷却器冷却,塔顶挥发出来的气相有很大部分会冷凝成液相,会造成相变部位的真空,形成了从塔顶到空冷相变部位的压降,驱使气相从塔顶向空冷相变部位流动。如果空冷冷却力度加大,会增大这种压降,使气相从塔顶到空冷相变部位的流动速度加大,塔顶压力降低。在现场生产中,调节常压塔塔顶空冷冷却力度是调节分馏塔塔顶亚压力的主要手段。

3. 塔顶罐气体外排流量

气相从分馏塔塔顶到塔顶罐,形成了封闭的空间,在这个空间里,唯有塔顶罐顶部的气体外排阀门是泄压口。此阀门连接着炼厂低压燃料气管网,如果此阀门开度增大,将有更多的气体外排,塔顶罐的压力将下降。这相当于增大了气相从塔顶到塔顶罐的压降,增大了气相从塔顶到塔顶罐的流速,进而降低了塔顶压力。

五、分馏塔塔顶温度

保持分馏塔塔顶压力不变,塔顶温度变化影响着塔顶产品(焦化汽油)的终馏点。如果塔顶温度升高,则分馏塔内本不该汽化的馏分汽化,并从塔顶馏出,致使焦化汽油终馏点偏高,且焦化柴油的初馏点也随之升高,一般分馏塔塔顶亚温度控制在125℃左右。分馏塔塔顶亚温度的影响因素有蒸发塔板温度、焦化柴油抽出量、塔顶循环回流温降及流量、分馏塔塔顶亚压力等。

1. 蒸发塔板温度

分馏塔塔底的冷进料和热进料是分馏塔的热量来源,它们的温度变化直接影响到蒸发塔板温度的变化。蒸发塔板温度降低,则塔各个温位均会下降。

2. 焦化柴油抽出量

分馏塔柴油抽出量大,对于塔顶来说损失的热量就会较多,柴油抽出线上方的各个塔板温度均会下降。柴油抽出量越大,本应该汽化上升至塔顶的组分在柴油抽出口馏出,这些组分没有把热量携带到塔顶,致使塔顶温度下降。

3. 塔顶循环回流温降及流量

塔顶循环回流抽出与返塔温差越大,抽出量越大,则塔顶损失的热量越多,其回流附近塔板的温度均下降。

4. 分馏塔塔顶压力

分馏塔塔顶压力对塔顶温度的影响主要表现在塔顶压力升高,会降低塔内部上升气速,因为热量的载体是上升的油气,高温的重组分就无法到达塔顶而使塔顶温度下降。另外,塔顶压力也会影响部分轻组分的沸点,塔顶压力高,烃类的沸点将升高,塔内整体汽化率将下降,塔顶气体产率也会下降,到达塔顶的温度载体减少,致使塔顶温度下降。

六、分馏塔塔底蒸发塔板温度

分馏塔塔底蒸发塔板位于人字型挡板的上方,蜡油抽出口的下方,蒸发塔板温度的高低,直接影响全塔的汽化率,也影响着蜡油、加热炉辐射进料的品质。蜡油又是催化裂化装置的原料,对催化裂化装置的平稳运行有一定的影响,所以稳定延迟焦化装置的分馏塔塔底蒸发塔板温度对于全设备的效益有着一定影响。分馏塔塔底蒸发塔板温度的影响因素有分馏塔塔底冷进料温度及流量变化、分馏塔塔底热进料温度及流量变化。

七、分馏塔塔底液位

如图 6-7 所示,对于分馏塔而言,其进料有两股一是从加热炉对流室输送过来的冷进料;二是从焦炭塔塔顶引出的过热反应油气,它作为热进料进入分馏塔塔底。出料的去向有两种:一是由分馏塔塔底辐射泵输送至加热炉辐射室进口的出料;二是分馏塔内的汽化。分馏塔塔底冷进料进入塔底后,几乎全部从塔底引出进入辐射室加热。因此,可以说冷进料对于分馏塔塔底液位几乎没有影响。热进料相当于冷进料中经过热反应后除去生产焦炭剩余部分的物料,它包括裂解气、汽油、柴油、蜡油等馏分和二次反应料。汽化率在数值上刚好等于裂解气及汽油、柴油和蜡油等馏分产率的总和。所以,分馏塔塔底物料就是二次反应的原料,分馏塔塔底液位的高低决定于二次反应原料量。分馏塔塔底液位的影响因素,即循环油量大小的影响因素,包括焦炭塔内反应深度和分馏塔内汽化率等。

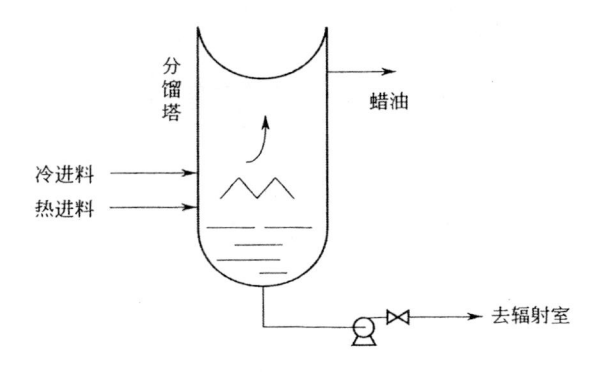

图 6-7　分馏塔塔底液位示意图

1. 焦炭塔内反应深度

反应深度与反应温度、反应压力、反应时间等有关。一般用焦炭塔塔顶压力代表反应压力,反应温度一般是指焦化加热炉辐射出口温度。反应温度和反应压力升高,反应深度加大,气体、汽油馏分和焦炭产率增加,柴油、蜡油馏分产率下降。反应压力单方面升高,焦炭的挥发分将会增加,裂解气、汽油、柴油等馏分有微小的损失。反应温度单方面升高,焦炭产率下降,并使焦炭中挥发分下降。如果焦炭塔内温度过高,容易造成泡沫夹带并使焦炭硬度增大,除焦困难。反应温度过低,焦化反应不完全并生成软焦。

焦炭塔内反应时间与装置的处理量有关,装置处理量越低,焦炭塔内反应油气的停留时间越长,反应深度越大,反应产物的各组分的含量将会发生变化。

2. 分馏塔内汽化率

分馏塔内汽化率,主要是指塔顶裂解气、汽油、柴油和蜡油的产率总和。分馏塔塔底的组分主要是循环油以及溶解在循环油里的少量柴油、蜡油等较轻组分。降低塔顶压力,增大蜡油抽出量,提高蜡油的终馏点,均可以降低分馏塔塔底液位。

第七章　催化裂化加工

第一节　催化裂化生产原理

一、催化裂化生产概述

原油经过常减压蒸馏可以获得到汽油、煤油及柴油等轻质油品，但收率只有10%~40%，而且某些轻质油品的质量也不高，例如直馏汽油的马达法辛烷值一般只有40~60。随着工业的发展，内燃机不断改进，对轻质油品的数量和质量提出了更高的要求。这种供需矛盾促使炼油工业向原油二次加工的方向发展，进一步提高原油的加工深度，获得更多的轻质油品并提高其质量。而催化裂化是炼油工业中最重要的一种二次加工过程，在炼油工业中有重要的地位。

催化裂化过程是原料在催化剂存在时，在470~530℃和0.1~0.3 MPa的条件下，发生以裂解反应为主的一系列化学反应，转化成气体、汽油、柴油、重质油（可循环作原料或出澄清油）及焦炭的工艺过程。其主要目的是将重质油品转化成高质量的汽油和柴油等产品。由于产品的收率和质量取决于原料性质和相应采用的工艺条件，因此生产过程中就需要对原料油的物化性质有一个全面的了解。

1. 原料油来源

催化裂化原料范围很广，有350~500℃直馏馏分油、常压渣油及减压渣油，也有二次加工馏分，如焦化蜡油、润滑油脱蜡的蜡膏、蜡下油、脱沥青油等。

（1）直馏馏分油。直馏馏分油一般为常压重馏分和减压馏分。不同原油的直馏馏分的性质不同，但直馏馏分含烷烃高，芳烃较少，易裂化。

根据我国原油的情况，直馏馏分催化原料油有以下几个特点。

①原油中轻组分少,大都在30%以下,因此催化裂化原料充足。

②含硫低,含重金属少,大部分催化裂化原料硫含量在0.1%~0.5%,镍含量一般较低。

③主要原油的催化裂化原料(如大庆油、任丘油等)含蜡量高,因此特性因数 K 也高,一般为12.3~12.6。以上说明,我国催化裂化原料量大、质优,轻质油收率和总转化率也较高,是理想的催化裂化原料。

(2)二次加工馏分油。蜡膏含烷烃较多、易裂化、生焦少,是理想的催化裂化原料;焦化蜡油、减黏裂化馏出油是已经裂化过的油料,芳烃含量较多,裂化性能差,焦炭产率较高,一般不能单独作为催化裂化原料;脱沥青油、抽余油含芳烃较多,易缩合,难以裂化,因而转化率低,生焦量高,只能与直馏馏分油掺和一起作催化裂化原料。

(3)常压渣油和减压渣油。我国原油大部分为重质原油,减压渣油收率占原油的40%左右,常压渣油占65%~75%,渣油量很大。

常规催化裂化原料油中的残炭和重金属含量都比较低,而重油催化裂化则是在常规催化原料油中掺入不同比例的减压渣油或直接用全馏分常压渣油为原料。由于原料油的改变,胶质、沥青质、重金属及残炭值的增加,特别是族组成的改变,对催化裂化过程的影响极大。因此,对重油催化裂化来说,首先要减少高残炭值和高重金属含量对催化裂化过程的影响,才能更好地利用有限的石油资源。

2. 评价原料性能的指标

通常用以下几个指标来评价催化裂化原料的性能。

(1)馏分组成。馏分组成可以判别原料的轻重和沸点范围的宽窄。原料油的化学组成类型相近时,馏分越重,越容易裂化;馏分越轻,越不易裂化。由于资源的合理利用,近年来纯蜡油型催化裂化越来越少。

(2)烃类组成。烃类组成通常以烷烃、环烷烃、芳烃的含量来表示。原料的组成随原料来源的不同而不同。石蜡基原料容易裂化,汽油及焦炭产率较低,气体产率较高;环烷基原料最易裂化,汽油产率高,辛烷值高,气体产率较低;芳香基原料难裂化,汽油产率低且生焦多。

重质原料油烃类组成分析较困难,在实际生产中很少测定,仅在装置标定时才作该项分析,平时是通过测定密度、特性因数、苯胺点等物理性质来间接进行判断。

①密度。密度越大,则原料越重。若馏分组成相同,密度大,环烷烃、芳烃含量多;密度小,烷烃含量较多。

②特性因数 K。特性因数与密度和馏分组成有关,原料的 K 值高说明含烷烃多;K 值低说明含芳烃多。原料的 K 值可由恩氏蒸馏数据和密度计算得到,也可由密度和苯胺点查图得到。

③苯胺点。苯胺点是表示油品中芳烃含量的指标,苯胺点越低,油品中芳烃含量越高。

(3)残炭值。原料油的残炭值是衡量原料性质的主要指标之一。它与原料的组成、馏分宽窄及胶质、沥青质的含量等因素有关。原料残炭值高,则生焦多。常规催化裂化原料中的残炭值较低,一般在 6% 左右,而重油催化裂化是在原料中掺入部分减压渣油或直接加工全馏分常压渣油,随原料油变重,胶质、沥青质含量增加,残炭值增加。

(4)金属。原料油中重金属以钒、镍、铁、铜对催化剂活性和选择性的影响最大。在催化裂化反应过程中,钒极容易沉积在催化剂上,再生时钒转移到分子筛位置上,与分子筛反应,生成熔点为 632℃ 的低共熔点化合物,破坏催化剂的晶体结构而使其永久性失活。

镍沉积在催化剂上并转移到分子筛位置上,但不破坏分子筛,仅部分中和催化剂的酸性中心,对催化剂活性影响不大。由于镍本身就是一种脱氢催化剂,因此在催化裂化反应的温度、压力条件下可进行脱氢反应,使氢产率增大,液体减少。

原料中碱金属钠、钙等也影响催化裂化反应。钠沉积在催化剂上会影响催化剂的热稳定性、活性和选择性。随着重油催化裂化的发展,钠的危害受到人们越来越注意。钠不仅引起催化剂的酸性中毒,还会与催化剂表面上沉积的钒的氧化物生成低熔点的钒酸钠共熔体,在催化剂再生的高温下形成熔融状态,使分子筛晶格受到破坏,活性下降。这种毒害程度随温度升高而变得严重。因此对重油催化裂化而言,原料的钠含量必须严加控制,一般控制在 5 mg/kg 以下。

(5)氮、硫含量。原料中的含氮化合物,特别是碱性氮化合物含量多时,会引起催化剂中毒使其活性下降。研究表明,裂化原料中加入 0.1%(质量分数)

的碱性氮化物,其裂化反应速率约下降50%。除此之外,碱性氮化合物是造成产品油料变色、氧化安定性变坏的重要原因之一。

原料中的含硫化合物对催化剂活性没有显著的影响,用含硫0.35%～1.6%的原料进行试验没有发现对催化裂化反应速率产生影响。但硫会加重设备腐蚀,使产品硫含量增高,同时污染环境。因此在催化裂化生产过程中对原料及产品中硫和氮的含量应引起重视,如果含量过高,需要进行预精制处理。

3. 产品及产品特点

催化裂化过程中,当所用原料、催化剂及反应条件不同时,所得产品的产率和性质也不相同,但总的来说催化裂化产品与热裂化相比具有很多特点。

(1) 气体产品。在一般工业条件下,气体产率约为10%～20%,其中所含组分有氢气、硫化氢、C_1～C_4烃类。氢气含量主要取决于催化剂被重金属污染的程度,H_2S则与原料的硫含量有关。C_1即甲烷,C_2为乙烷、乙烯,以上物质称为干气。催化裂化气体中大量的是C_3、C_4烃类(称为液态烃或液化气),其中C_3为丙烷、丙烯,C_4包括6种组分(正、异丁烷,正丁烯,异丁烯和顺、反-2-丁烯)。

气体产品的特点如下。

① 气体产品中C_3、C_4占绝大部分,约90%(质量分数),C_2以下较少,液化气中C_3比C_4少,液态烃中C_4含量约为C_3含量的1.5～2.5倍。

② 烯烃比烷烃多,C_3中烯烃约为70%,C_4中烯烃约为55%。

③ C_4中异丁烷多,正丁烷少,正丁烯多,异丁烯少。

上述特点使催化裂化气体成为很好的石油化工原料,催化裂化的干气可以作燃料也可以作合成氨的原料。由于其中含有部分乙烯,所以经次氯酸酸化又可以制取环氧乙烷,进而生产乙二醇、乙二胺等化工产品。

液态烃,特别是其中的烯烃可以生产各种有机溶剂也可生产合成橡胶、合成纤维、合成树脂三大合成产品以及各种高辛烷值汽油组分,如叠合油、烷基化油及甲基叔丁基醚等。

(2) 液体产品。① 催化裂化汽油产率为40%～60%(质量分数)。由于其中有较多烯烃、异构烷烃和芳烃,所以辛烷值较高,一般为80左右(MON)。因其所含烯烃中α烯烃较少,且基本不含二烯烃,所以安定性也比较好。含低分子烃较多,它的10%点和50%点温度较低,使用性能好。

② 柴油产率为20%～40%(质量分数),因其中含有较多的芳烃(约为

40%～50%),所以十六烷值较直馏柴油低得多,只有35左右,常常需要与直馏柴油等调和后才能作为柴油发动机燃料使用。

③渣油中含有少量催化剂细粉,一般不作产品,可返回提升管反应器进行回炼,若经澄清除去催化剂也可以生产部分(3%～5%)澄清油,因其中含有大量芳烃,是生产重芳烃和炭黑的优良原料。

(3)焦炭。催化裂化的焦炭沉积在催化剂上,不能作为产品,常规催化裂化的焦炭产率约为5%～7%,当以渣油为原料时可高达10%以上,视原料的质量不同而异。

由上述产品分布和产品质量可见催化裂化有它独特的优点,是一般热破坏加工所不能比拟的。

二、催化裂化工艺原理

1. 反应类型

催化裂化产品的数量和质量,取决于原料中的各类烃在催化剂上所进行的反应,为了更好地控制生产,以达到高产优质的目的,就必须了解催化裂化反应的实质、特点以及影响反应进行的因素。

石油馏分是由各种烷烃、烯烃、环烷烃、芳香烃等组成,在催化剂上,各种单体烃进行着不同的反应,有分解反应、异构化反应、氢转移反应、芳构化反应等。其中,以分解反应为主,催化裂化这一名称正因此而得,各种反应同时进行,并相互影响。为了更好地了解催化裂化的反应过程,首先应了解单体烃的催化裂化反应。

(1)烷烃。烷烃主要发生分解反应(烃分子中C—C键断裂的反应),生成较小分子的烷烃和烯烃,例如:

$$C_{16}H_{34} \longrightarrow C_8H_{16} + C_8H_{18}$$

生成的烷烃又可以继续分解成更小的分子。因为烷烃分子的C—C键能随着其由分子的两端向中间移动而减小,因此,烷烃分解时都从中间的C—C键处断裂,而分子越大越容易断裂。碳原子数相同的链状烃中,异构烷烃的分解速率比正构烷烃快。

(2)烯烃。烯烃的主要反应也是分解反应,但还有一些其他反应,主要反应如下。

①分解反应。烯烃分解为两个较小分子的烯烃。烯烃的分解速率比烷烃高得多,且大分子烯烃分解反应速率比小分子快,异构烯烃的分解速率比正构烯烃快。例如:

$$C_{16}H_{32} \longrightarrow C_8H_{16} + C_8H_{16}$$

②异构化反应。a. 双键移位异构;烯烃的双键向中间位置转移,称为双键移位异构。例如:

$$CH_3-CH_2-CH_2-CH_2-CH=CH_2 \longrightarrow CH_3-CH_2-CH=CH-CH_2-CH_3$$

b. 骨架异构;分子中碳链重新排列。例如:

$$CH_3-CH_2-CH=CH_2 \longrightarrow CH_3-C(CH_3)=CH_2$$

c. 几何异构;烯烃分子空间结构的改变,如顺烯变为反烯,称为几何异构。

③氢转移反应。某烃分子上的氢脱下来立即加到另一烯烃分子上使之饱和的反应称为氢转移反应。如两个烯烃分子之间发生氢转移反应,一个获得氢变成烷烃,另一个失去氢转化为多烯烃乃至芳烃或缩合程度更高的分子,直至最后缩合成焦炭。氢转移反应是烯烃的重要反应,是催化裂化汽油饱和度较高的主要原因,但反应速率较慢,需要较高活性的催化剂。

④芳构化反应。所有能生成芳烃的反应都称为芳构化反应,它也是催化裂化的主要反应。烯烃环化再脱氢生成芳烃,这一反应有利于汽油辛烷值的提高。例如:

$$CH_3-CH_2-CH_2-CH_2-CH=CH-CH_3 \longrightarrow \text{(甲基环己烷)} \longrightarrow \text{(甲苯)} + 3H_2$$

⑤叠合反应。叠合反应是烯烃与烯烃合成大分子烯烃的反应。

⑥烷基化反应。烯烃与芳烃或烷烃的加合反应都称为烷基化反应。

(3)环烷烃。环烷烃的环可断裂生成烯烃,烯烃再继续进行上述各项反应;环烷烃带有长侧链,侧链本身会发生断裂生成环烷烃和烯烃;环烷烃也可以通过氢转移反应转化为芳烃;带侧链的五元环烷烃可以异构化成六元环烷烃,并进一步脱氢生成芳烃。例如:

$$\text{(环戊基-CH}_2-CH_2-CH_3) \longrightarrow CH_3-CH_2-CH_2-CH_2-CH=CH-CH_2-CH_3$$

$$\text{(甲基环戊烷)} \longrightarrow \text{(环己烷)} \longrightarrow \text{(苯)} + 3H_2$$

(4)芳香烃。芳香烃在催化裂化条件下十分稳定,连在苯环上的烷基侧链容易断裂成较小分子的烯烃,断裂的位置主要发生在侧链同苯环连接的键上,并且侧链越长,反应速率越快。多环芳烃的裂化反应速率很低,它们的主要反应是缩合成稠环芳烃,进而转化为焦炭,同时放出氢使烯烃饱和。

以上列举的是裂解原料中主要烃类物质所发生的复杂交错的化学反应,从中可以看到:在催化裂化条件下,烃类进行的反应除了有大分子分解为小分子的反应,还有小分子缩合成大分子的反应(甚至缩合至焦炭)。与此同时,还进行异构化、氢转移、芳构化等反应。正是由于这些反应,才得到气体、液态烃以及汽油、柴油乃至焦炭等丰富的产品。

2. 催化裂化反应特点

(1)烃类催化裂化是一个气—固非均相反应。原料进入反应器首先汽化成气态,然后在催化剂表面上进行反应。

①反应步骤。

a. 原料分子自主气流中向催化剂扩散;

b. 接近催化剂的原料分子向微孔内表面扩散;

c. 靠近催化剂表面的原料分子被催化剂吸附;

d. 被吸附的分子在催化剂的作用下进行化学反应;

e. 生成的产品分子从催化剂上脱附下来;

f. 脱附下来的产品分子从微孔内向外扩散;

g. 产品分子从催化剂外表面再扩散到主气流中,然后离开反应器。

②各类烃被吸附的顺序。对于碳原子数相同的各类烃,它们被吸附的顺序为:

稠环芳烃＞稠环环烷烃＞烯烃＞单烷基侧链的单环芳烃＞环烷烃＞烷烃

同类烃则相对分子量越大越容易被吸附。

③化学反应速率的顺序。不同烃类的反应速率如下:

烯烃＞大分子单烷基侧链的单环芳烃＞异构烷烃与烷基环烷烃
＞小分子单烷基侧链的单环芳烃＞正构烷烃＞稠环芳烃

综合烃被吸附顺序和化学反应速率可知,石油馏分中的芳烃虽然吸附能力强,但反应能力弱,它首先吸附在催化剂表面上占据了相当的表面积,阻碍了其他烃类的吸附和反应,使整个石油馏分的反应速率变慢。对于烷烃,虽然反应速率快,但吸附能力弱,对原料反应的总效应不利。因此可得出结论,环烷烃有一定的吸附能力,又具有适宜的反应速率,可以认为富含环烷烃的石油馏分应是催化裂化的理想原料。然而在实际生产中,这类原料并不多见。

(2)石油馏分的催化裂化反应是复杂的平行—顺序反应。平行—顺序反应,即原料在裂化时,同时朝着几个方向进行反应,这种反应称为平行反应,同时随着反应深度的增加,中间产物又会继续反应,这种反应称为顺序反应。所以原料油可直接裂化为汽油或气体,汽油又可进一步裂化生成气体,如图7-1所示。

平行—顺序反应的一个重要特点是反应深度对产品产率的分布有着重要影响。如图7-2所示,随着反应时间的增长,转化深度的增加,最终产物气体和焦炭的产率会一直增加。而汽油、柴油等中间产物的产率会在开始时增加,达到一个最高阶段而后下降。这是因为达到一定反应深度后,再加深反应,中间产物将会进一步分解成为更轻的馏分,其分解速率高于生成速率。习惯上称以初次反应产物为原料再继续进行的反应为二次反应。

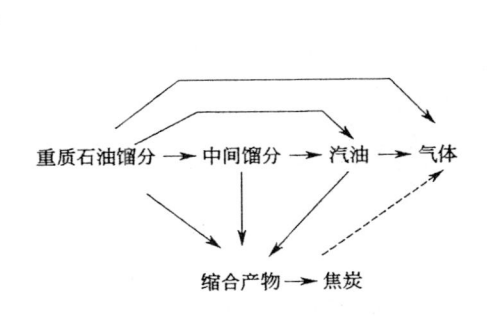

图7-1 石油馏分的催化裂化反应
(虚线表示不重要的反应)

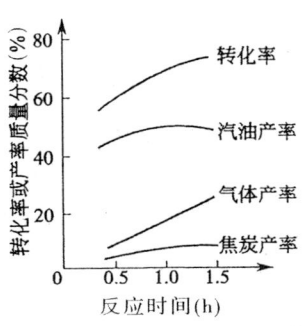

图7-2 某馏分催化裂化的结果

催化裂化的二次反应是多种多样的,有些二次反应是有利的,有些则不利。例如,烯烃和环烷烃氢转移生成稳定的烷烃和芳烃是有利的,中间馏分缩合生成焦炭则是不利的。因此在催化裂化工业生产中,对二次反应进行有效的控制是必要的。另外,要根据原料的特点选择合适的转化率,这一转化率应选择在汽油产率最高点附近。如果希望有更多的原料转化成产品,则应将与原料油沸程相似的反应产物馏分与新鲜原料混合,重新返回反应器进一步反应。这里所说的沸点范围与原料相当的那一部分馏分,工业上称为回炼油或循环油。

第二节　催化裂化工艺流程

催化裂化自工业化以来，先后出现过多种形式的催化裂化工业装置。固定床和移动床催化裂化是早期的工业装置，随着微球硅铝催化剂和分子筛催化剂的出现，流化床和提升管催化裂化相继问世。1965年我国建成了第一套同高并列式流化床催化裂化工业装置，1974年我国建成投产了第一套提升管催化裂化工业装置，2002年世界上第一套多功能两段提升管反应器已在中国石油大学（华东）胜华炼厂年加工能力10万吨催化裂化工业装置上改造成功。

催化裂化装置一般由反应—再生系统、分馏系统、吸收—稳定系统及再生烟气能量回收系统组成。现以提升管催化裂化为例，对各系统进行介绍。

一、催化裂化工艺流程

1. 反应—再生系统

以高低并列式提升管催化裂化装置为例说明反应—再生系统的工艺流程，如图7-3所示。

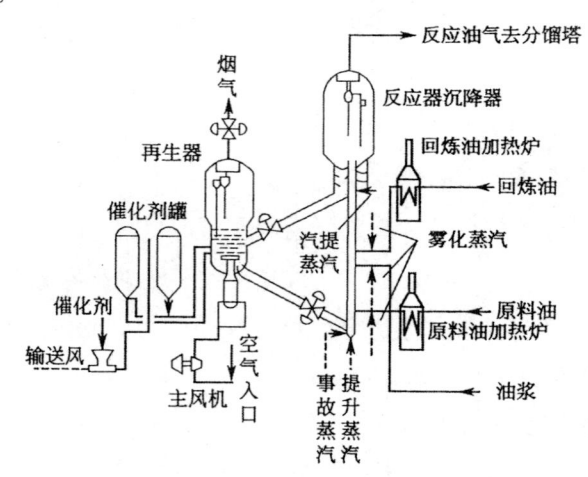

图7-3　高低并列式提升管催化裂化装置反应—再生系统

新鲜原料（以馏分油为例）换热后与回炼油分别经两加热炉预热至300～380℃，由喷嘴喷入提升管反应器底部（油浆不进加热炉直接进提升管）与高温再生催化剂相遇，立即汽化并反应，油气与雾化蒸汽及预提升蒸汽一起以

7~8 m/s 的入口线速携带催化剂沿提升管向上流动,在 470~510℃的反应温度下停留 2~4 s,以 13~20 m/s 的高线速通过提升管出口,经快速分离器进入沉降器,携带少量催化剂的油气与蒸汽的混合气经两级旋风分离器,进入集气室,通过沉降器顶部出口进入分馏系统。

经快速分离器分出的催化剂,自沉降器下部进入汽提段,经旋风分离器回收的催化剂通过料腿也流入汽提段。进入汽提段的待生催化剂用水蒸汽吹脱吸附的油气,经待生催化剂斜管,待生催化剂单动滑阀以切线方式进入再生器,在 650~690℃的温度下进行再生,再生器维持 0.15~0.25 MPa(表压)的顶部压力,床层线速约为 1~1.2 m/s。含炭量降到 0.2%以下的待生催化剂经淹流管、再生斜管和再生单动滑阀进入提升管反应器,构成催化剂的循环。

烧焦产生的再生烟气,经再生器稀相段进入旋风分离器。经两级旋风分离除去携带的大部分催化剂,烟气通过集气室(或集气管)和双动滑阀排入烟囱(或去能量回收系统)。回收的催化剂经料腿返回床层。

再生烧焦所需空气由主风机供给,通过辅助燃烧室及分布板(或管)进入再生器。

在生产过程中催化剂会有损失,为了维持系统内的催化剂藏量,需要定期地或经常地向系统补充新鲜催化剂。即使是催化剂损失很低的装置,由于催化剂老化减活或受重金属污染,也需要放出一些废催化剂,补充一些新鲜催化剂以维持系统内催化剂的活性。为此装置内应设有两个催化剂贮罐,另一个是供加料用的新鲜催化剂贮罐,一个是供卸料用的热平衡催化剂贮罐。

反应—再生系统的主要控制手段如下。用气压机入口压力调节汽轮机转速控制富气流量,以维持沉降器顶部压力恒定;以两反应器压差作为调节信号由双动滑阀控制再生器顶部压力;由提升管反应器出口温度控制再生滑阀开度来调节催化剂循环量。由待生滑阀开度根据系统压力平衡要求控制汽提段料位高度;依据再生器稀密相温差调节主风放空量(称为微调放空),以控制烟气中的氧含量,预防二次燃烧的发生。

除此之外还有一套比较复杂的自动保护系统以防发生事故。

2. 分馏系统

分馏系统工艺流程如图 7-4 所示。

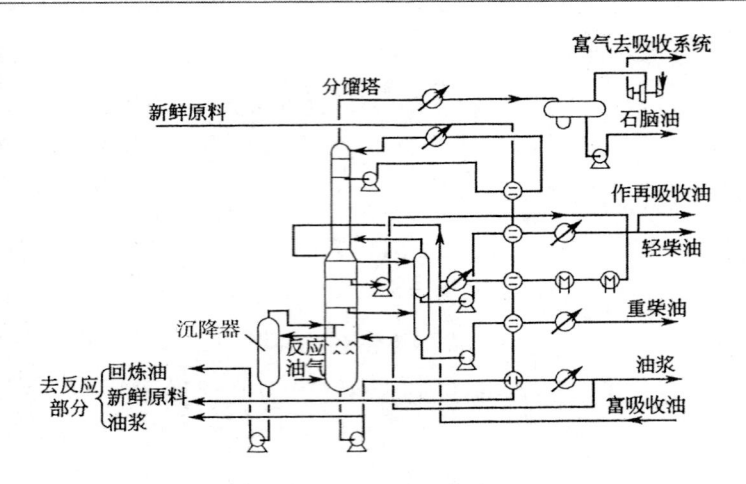

图 7-4 分馏系统工艺流程

由沉降器顶部出来的反应产物油气进入分馏塔下部,经装有挡板的脱过热段后,油气自下而上通过分馏塔。经分馏后得到富气、粗汽油、轻柴油、重柴油(也可以不出重柴油)、回炼油及油浆。如在塔底设油浆澄清段,可脱除催化剂用澄清油,浓缩的稠油浆再用回炼油稀释,送回反应器进行回炼并回收催化剂。如不回炼也可送出装置。轻柴油和重柴油分别经汽提塔汽提后再经换热、冷却,然后出装置。轻柴油有一部分经冷却后送至再吸收塔,作为吸收剂,然后返回分馏塔。

分馏系统主要过程在分馏塔内进行,与一般精馏塔相比,催化裂化分馏塔具有如下技术特点。

①分馏塔的进料是过热气体,并带有催化剂细粉,所以进料口在塔的底部,塔下段用油浆循环起到冲洗挡板和防止催化剂在塔底沉积,并经过油浆与原料换热取走过剩热量的作用。油浆固体含量可用油浆回炼量或外排量来控制,塔底温度则用循环油浆流量和返塔温度进行控制。

②塔顶气态产品量大,为减少塔顶冷凝器负荷,塔顶也采用循环回流取热代替冷回流,以减少冷凝冷却器的总面积。

③由于全塔过剩热量大,为保证全塔气液负荷相差不过于悬殊,并回收高温位热量,除塔底设置油浆循环外,还设置中段循环回流取热。

3. 吸收—稳定系统

吸收—稳定系统的目的在于将来自分馏部分的催化富气中 C_2 以下组分(干气)与 C_3、C_4 组分(液化气)分离以便分别利用,同时将混入汽油中的少量气体烃分出,以降低汽油的蒸汽压,确保产品符合商品规格。

吸收—稳定系统典型流程见图 7-5。

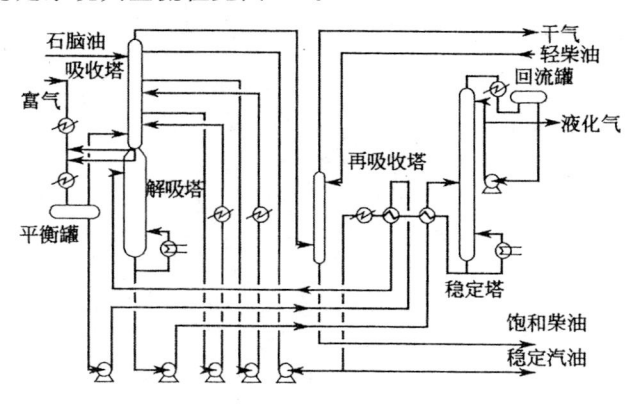

图 7-5　吸收—稳定系统典型流程图

由分馏系统油气分离器出来的富气经气体压缩机升压后,冷却并分出凝缩油,压缩富气进入吸收塔底部,粗汽油和稳定汽油作为吸收剂由塔顶进入,吸收了 C_3、C_4(及部分 C_2)的富吸收油由塔底抽出送至解吸塔顶部。吸收塔设有一个中段回流以维持塔内较低的温度。吸收塔塔顶出来的贫气中尚夹带少量汽油,经再吸收塔用轻柴油回收其中的汽油组分后成为干气送燃料气管网。吸收了汽油的轻柴油再吸收塔底抽出料返回分馏塔。解吸塔的作用是通过加热将富吸收油中 C_2 组分解吸出来,由塔顶引出进入中间平衡罐,塔底为脱乙烷汽油被送至稳定塔。稳定塔的目的是将汽油中 C_4 以下的轻烃脱除,在塔顶得到液化石油气(简称液化气),塔底得到合格的汽油——稳定汽油。

4. 烟气能量回收系统

除以上三大系统外,现代催化裂化装置(尤其是大型装置)大都设有烟气能量回收系统,目的是最大限度地回收能量,降低装置能耗。图 7-6 为催化裂化能量回收系统的典型工艺流程。从再生器出来的高温烟气进入三级旋风分离器,除去烟气中绝大部分催化剂微粒后,通过调节蝶阀进入烟气轮机(又叫烟气透平)膨胀做功,使再生烟气的动能转化为机械能,驱动主风机(轴流风机)转动,提供再生所需空气。开工时无高温烟气,主风机由电动机(或汽轮机,又称蒸汽透平)带动。正常操作时如果烟气轮机功率带动主风机尚有剩余,电动机可以作为发电机,向配电系统输电。烟气经过烟气轮机后,温度、压力都有所降低(温度约降低 100~150℃),但含有大量的显热能(如不是完全再生,还有化学能),故排出的烟气可进入废热锅炉(或 CO 锅炉)回收能量,产生的水蒸汽可供汽轮机或装置内外其他部分使用。为了操作灵活、安全,流程中另设有一条辅线,使从三级旋风分离器出来的烟气可根据需要直接从锅炉进入烟囱。

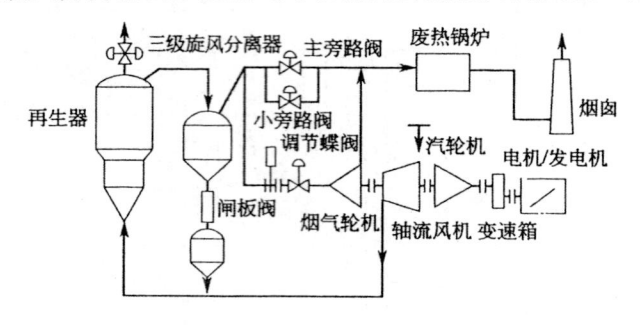

图 7-6　催化裂化能量回收系统流程

二、催化裂化的典型设备

1. 提升管反应器

提升管反应器是催化裂化反应进行的场所,是催化裂化装置的关键设备之一。常见的提升管反应器形式有两种,即直管式和折叠式。前者多用于高低并列式提升管催化裂化装置,后者多用于同轴式和由床层反应器改为提升管的装置。图 7-7 是直管式提升管反应器及沉降器简图。

提升管反应器是一根长径比很大的管子,长度一般为 30～36 m,直径根据装置处理量决定,通常以油气在提升管内的平均停留时间(1～4 s)为限,确定提升管内径。由于提升管内自下而上油气线速不断增大,为了不使提升管上部气速过高,提升管可做成上下异径形式。

在提升管的侧面开有上下两个(组)进料口,其作用是根据生产要求使新鲜原料、回炼油和回炼油浆从不同位置进入提升管,进行选择性裂化。

进料口以下的一段称预提升段(见图 7-8),其作用是由提升管底部进入水蒸汽(称预提升蒸汽),使出再生斜管的再生催化剂加速,以保证催化剂与原料油相遇时均匀接触,这种作用叫预提升。

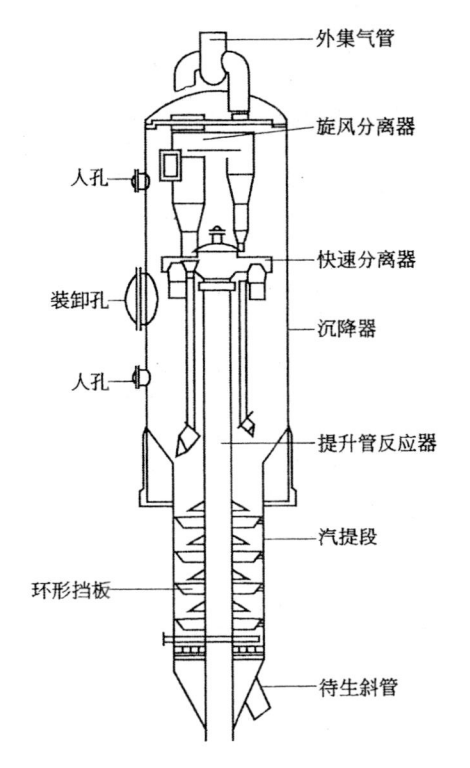

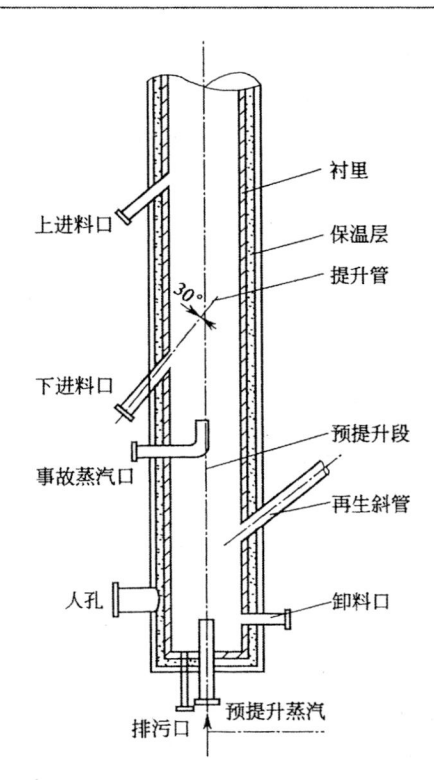

图 7-7　直管式提升管反应器及沉降器简图　　　图 7-8　预提升段结构简图

为使油气在离开提升管后立即终止反应,提升管出口均设有快速分离装置,其作用是使油气与大部分催化剂迅速分开。快速分离器的类型很多,常用的有:伞幅形分离器、倒 L 形分离器、T 形分离器、粗旋风分离器、弹射快速分离器和垂直齿缝式快速分离器,分别如图 7-9(a)、图 7-9(b)、图 7-9(c)、图 7-9(d)、图 7-9(e)、图 7-9(f)所示。

为进行参数测量和取样,沿提升管高度还装有热电偶管、测压管、采样口等。除此之外,提升管反应器的设计还要考虑耐热、耐磨以及热膨胀等问题。

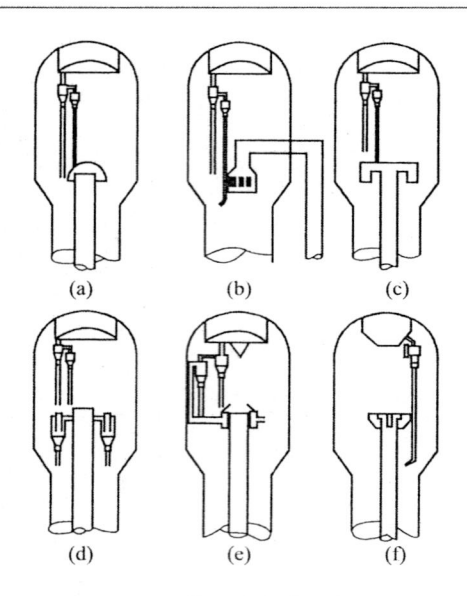

图 7-9　快速分离装置类型

2. 沉降器

沉降器是用碳钢焊制成的圆筒形设备,上段为沉降段,下段是汽提段。沉降段内装有数组旋风分离器,顶部是集气室并开有油气出口。沉降器的作用是使来自提升管的油气和催化剂分离,油气经旋风分离器分出所夹带的催化剂后经集气室去分馏系统;由提升管快速分离器出来的催化剂靠重力在沉降器中向下沉降落入汽提段,汽提段内设有数层人字形挡板和蒸汽吹入口,其作用是将催化剂夹带的油气用过热水蒸汽吹出(汽提),并返回沉降段,以便减少油气损失和再生器的负荷。

3. 再生器

再生器是催化裂化装置的重要工艺设备,其作用是为催化剂再生提供场所和条件,它的结构形式和操作状况直接影响烧焦能力和催化剂损耗。再生器是决定整个装置处理能力的关键设备。图 7-10 是常规再生器的结构示意图。

再生器筒体是由 Q235 碳钢焊接而成的,由于经常处于高温和受催化剂颗粒冲刷的状态,因此筒体内壁敷设一层隔热、耐磨衬里以保护设备材质,筒体上部为稀相段,下部为密相段,中间变径处通常称过渡段。

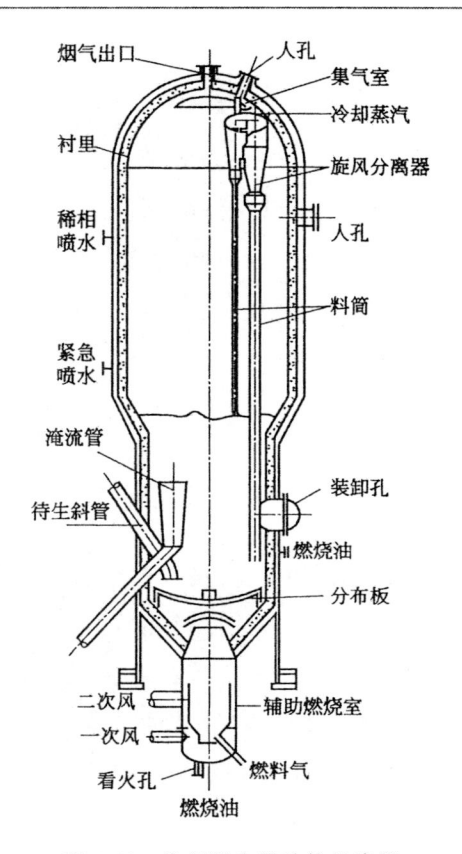

图 7-10　常规再生器结构示意图

(1)密相段。密相段是待生催化剂进行流化和再生反应的主要场所。在空气(主风)的作用下,待生催化剂在这里形成密相流化床层,密相床层气体线速度一般为 0.6~1.0 m/s。采用较低气速称为低速床,采用较高气速称为高速床。密相段直径大小通常由烧焦所能产生的湿烟气量和气体线速度确定。密相段高度一般由催化剂藏量和密相段催化剂密度确定,一般为 6~7 m。

(2)稀相段。稀相段实际上是催化剂的沉降段。为使催化剂易于沉降,稀相段气体线速度不能太高,要求不大于 0.6~0.7 m/s,因此稀相段直径通常大于密相段直径。稀相段高度应由沉降要求和旋风分离器料腿长度要求确定,适宜的稀相段高度是 9~11 m。

4. 反应—再生系统特殊设备

(1)旋风分离器。旋风分离器是气固分离并回收催化剂的设备,它操作状况的好坏直接影响催化剂耗量的大小,是催化裂化装置中非常关键的设备。

图 7-11 是旋风分离器示意图。旋风分离器由内圆柱筒、外圆柱筒、圆锥筒以及灰斗组成。灰斗下端与料腿相连,料腿出口装有翼阀。

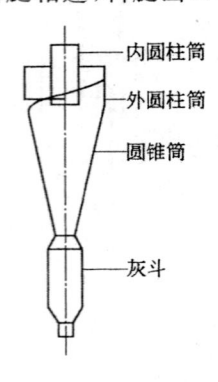

图 7-11　旋风分离器示意图

旋风分离器的作用原理都是相同的,携带催化剂颗粒的气流以很高的速度(15～25 m/s)从切线方向进入旋风分离器,并沿内外圆柱筒间的环形通道做旋转运动,使固体颗粒产生离心力,造成气固分离,颗粒沿锥体转下进入灰斗,气体从内圆柱筒排出。灰斗、料腿和翼阀都是旋风分离器的组成部分。灰斗的作用是脱气,即防止气体被催化剂带入料腿;料腿的作用是将回收的催化剂输送回床层,因此,料腿内催化剂应具有一定的料位高度以保证催化剂顺利下流;翼阀的作用是密封,即允许催化剂流出而阻止气体倒窜。

(2)主风分布管和辅助燃烧室。主风分布管是再生器的空气分配器,作用是使进入再生器的空气均匀分布,防止气流趋向中心部位,以形成良好的流化状态,保证气固相均匀接触,强化再生反应。

辅助燃烧室是一个特殊形式的加热炉,设在再生器下面(可与再生器连为一体,也可分开设置),其作用是开工时用以加热主风使再生器升温,紧急停工时维持一定的降温速度,正常生产时辅助燃烧室只作为主风的通道。

(3)取热器。随着分子筛催化剂的使用,对再生催化剂的含碳量提出新的要求,为了充分发挥分子筛催化剂高活性的特点,需要强化再生过程以降低再生催化剂含碳量。近年来各厂多采用 CO 助燃剂,使 CO 在床层完全燃烧,在使得再生热量超过两器热平衡的需要,发生热量过剩现象,特别是在加工重质原料、掺炼或全炼渣油的装置上这个问题显得更突出。因此再生器中过剩热的移出便成为实现渣油催化裂化需要解决的关键问题之一。

再生器的取热方式有内外两种,各有特点。内取热投资少,操作简便,但维修困难,热管破裂只能切断不能抢修,而且对原料品种变化的适应性差,即可调范围小。外取热具有热量可调、操作灵活、维修方便等特点,对发展渣油催化裂化技术具有很大的实际意义。

①内取热器。内取热管的布置有垂直均匀布置和水平沿器壁环形布置两种形式,如兰州炼油厂 50×10^4 t/a 的同轴催化裂化装置采用水平式内取热器,洛阳及九江炼油厂也采用水平式内取热器(与外取热器联合),石家庄炼油厂采用垂直式内取热器。

a. 垂直式内取热管。取热管采用厚壁合钢管,具有取热均匀的优点,分蒸发管和过热管两类。管长视料面高度而定,一般为 7 m 左右,管束底与空气分布管的距离应不小于 1 m,减小高速气流冲刷,蒸发管和过热管均匀混合在密相床中,这样可使床层水平方向取热量较均匀。

b. 水平式内取热管水平取热盘管在水平方向每层排管分内外两组,各由两环串联组成,每组排管在圆周方向留有 60°圆缺,预防盘管膨胀,各层圆缺依次错开布置,防止局部形成纵向通道。过热盘管集中布置在上部,蒸发盘管布置在下部,便于和进出口集合管联接。盘管与再生器壁应有不小于 300 mm 的间隙,防止沿器壁形成死区影响周边流化质量。水平环形布置的优点是施工方便,盘管靠近器壁支吊容易,但老装置改造时,水平管与一级旋风分离器料腿碰撞,必须移动料腿位置,不如垂直管方便。它的缺点是取热管与烟气及催化剂流动方向互相垂直,受催化剂颗粒冲刷严重。为防止汽水分层,管内应保持较高的质量流速,另外管子的热膨胀要仔细处理,处理不当会影响流化质量。

②外取热器。外取热器是在再生器外部设置催化剂流化床,取热管浸没在床层中,按催化剂的移动方向外取热器又分为上流式和下流式两种。

a. 下流式外取热器的介绍。国内首先使用下流式外取热器的是牡丹江炼油厂的催化裂化装置,效果良好。下流式外取热系统的流程如图 7-12 所示。它是将再生器密相床上部或烧焦罐式再生器 700℃ 左右的高温再生催化剂引出一部分进入取热器,使其在取热器列管间隙中自上而下流动,列管内走水。在取热器内进行热量交换,在取热器底部通入适量空气,维持催化剂很好地流化,通过换热后的催化剂温降一般约为 100~150℃,然后通过斜管返回再生器下部(或烧焦罐的预混合管)。催化剂的循环量根据两器热平衡的需要由斜管上的滑阀控制,气体自取热器顶部出来返回再生器密相段(或烧焦罐)。由于下流式外取热器的催化剂颗粒与气体的流动方向相反,所以其表观速度均较小,因此对管束的磨损很小,而且床层的温度均匀。试验证明床内各处温度几乎相同,通过对管壁温度的计算和分析认为在正常情况下管外壁温度约为243℃,高值时也只有278℃左右,因此可以采用碳素钢管(取热器支探件需用合金钢)。

这种取热器的布置与高效烧焦罐式再生器及常规再生器均能配套。通入少量空气就能维持外取热器床层良好的流化状态,动力消耗小,特别是对老装置改造更为适宜。

b. 上流式外取热器,其流程如图7-13所示,它是将部分700℃左右的高温再生催化剂自再生器密相床底部引出,再由外取热器下部送入。取热器底部通入增压风使其沿列管间隙自下而上流动,应注意避免催化剂入口管线水平布置,并要通入适量松动空气以适应高堆比催化剂输送的要求。气体在管间的流速为1.0~1.6 m/s,列管无严重磨损,催化剂与气体增压风一起自外取热器顶部流出再返回再生器密相床。催化剂循环量由滑阀调节。

水在管内循环受热后部分汽化进入汽包,水汽分离得到饱和蒸汽。取热用水需经软化除去盐分或采用回收的冷凝水。

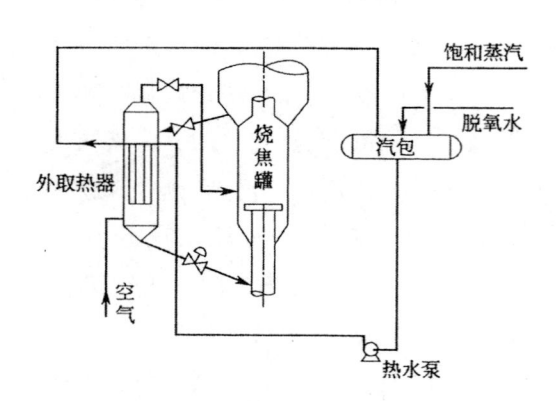

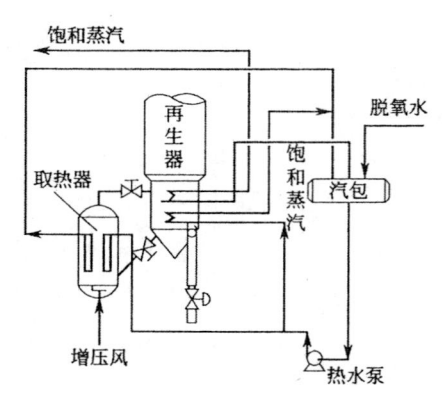

图7-12　下流式外取热系统流程　　　　图7-13　上流式外取热系统流程

(4)第三级旋风分离器(简称三旋)。催化裂化装置高温再生烟气的能量回收系统是一项重要节能措施,近几年来发展很快。第三级旋风分离器是该系统的重要设备之一,其性能的好坏直接关系到烟机的运行寿命与效率。

目前国内催化裂化装置采用的三旋有多管式、旋流式、布埃尔式,国外还开发出水平多管式,分离效率更高。

多管三旋是分离器壳体内装有数十根并联旋风管的旋风分离器(图 7-14)，其主要元件是旋风管，旋风管主要由导向器、升气管、排气管、泄料盘和旋风筒筒体五部分组成。

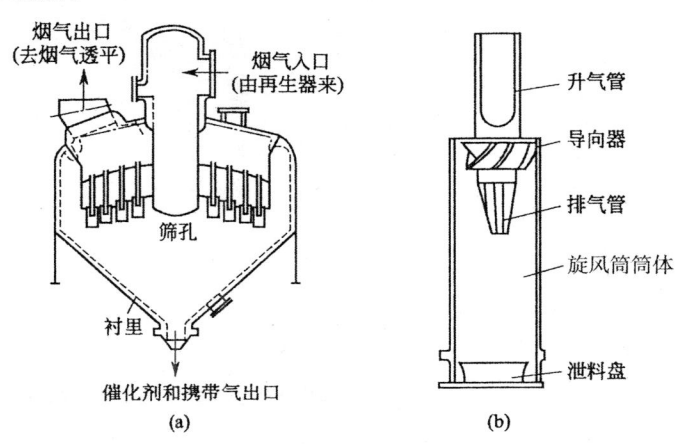

图 7-14　多管式第三级旋风分离器

(5)三阀。三阀包括单动滑阀、双动滑阀和塞阀。

①单动滑阀。单动滑阀用于床层反应器催化裂化和高低并列式提升管催化裂化装置。对提升管催化裂化装置，单动滑阀安装在两根输送催化剂的斜管上。其作用是正常操作时调节催化剂在两器间的循环量，出现重大事故时切断再生器与反应沉降器之间的联系，以防造成更大事故。运转中，滑阀的正常开度为 40%～60%。单动滑阀结构见图 7-15。

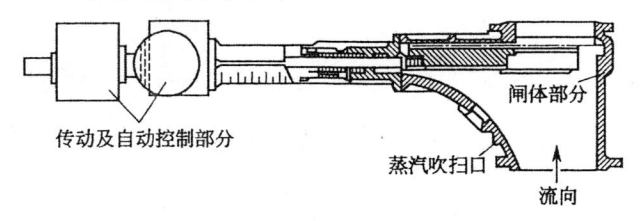

图 7-15　单动滑阀结构示意

②双动滑阀。双动滑阀是一种两块阀板双向动作的超灵敏调节阀，安装在再生器出口管线上(烟囱)，其作用是调节再生器的压力，使之与反应沉降器保持一定的压差。设计滑阀时，两块阀板都留一缺口，即使滑阀全关时，中心仍有一定大小的通道，可避免再生器超压。图 7-16 是双动滑阀结构示意图。

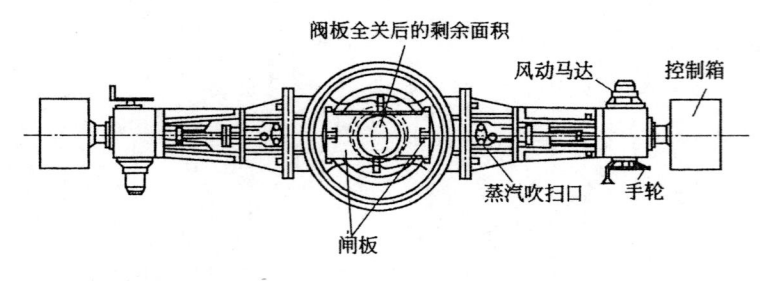

图 7-16 双动滑阀结构示意图

③塞阀。在同轴式催化裂化装置中,塞阀有待生管塞阀和再生管塞阀两种,它们的阀体结构和自动控制部分完全相同,但阀体部分、连接部位及尺寸略有不同。塞阀的结构主要由阀体部分、传动部分、定位及阀位变送部分和补偿弹簧箱组成。

同轴式催化裂化装置利用塞阀调节催化剂的循环量。塞阀比滑阀具有以下优点:一是磨损均匀而且磨损较少;二是高温下承受强烈磨损的部件少;三是安装位置较低,操作维修方便。

第三节 催化裂化生产操作

一、主要工艺条件分析

1. 反应—再生系统操作影响因素

催化裂化反应是一个复杂的平行—顺序反应,影响因素很多,与生产中各个操作条件密切联系。操作参数的选择依据为原料和催化剂的性质,各操作参数的设置应以得到尽可能多的高质量汽油和柴油、气体产品中得到尽可能多的烯烃和在满足热平衡的条件下尽可能少产焦炭为目的。

(1)反应温度。反应温度是生产中的主要调节参数,也是对产品产率和质量影响最灵敏的参数。一方面,反应温度高则反应速率增大。催化裂化反应的活化能(10000~30000 cal/mol,1 cal=4.1868 J,下同)比热裂化反应的活化能低(50000~70000 cal/mol),而热裂化反应速率常数的温度系数亦比催化裂化高。因此,当反应温度升高时,热裂化反应的速率提高比较快,当温度高于500℃时,热裂化变得重要,产品中出现热裂化产品的特征(气体中 C_1、C_2 多,产品的不饱和度上升)。但是,即使这样高的温度,催化裂化的反应仍占主导地位。

另一方面,反应温度可以通过影响各类反应速率的大小来影响产品的分布和质量。催化裂化是平行—顺序反应,提高反应温度,汽油转变为气体的速率加快最多,原料转变为汽油的反应速率加快较少,原料转变为焦炭的反应速率加快更少。因此,在转化率不变时,使气体产率增加,汽油产率降低,而焦炭产率变化很少,同时也使得汽油辛烷值上升和柴油的十六烷值降低。由此可见,温度升高会使得汽油的辛烷值上升,但汽油产率下降,气体产率上升。产品的产量和质量对温度的要求产生矛盾,必须适当选取温度。在要求多产柴油时,可采用较低的反应温度(460~470℃),在低转化率下进行大回炼操作;当要求多产汽油时,可采用较高的反应温度(500~510℃),在高转化率下进行小回炼操作或单程操作;当要求多产气体时,反应温度则更高。

装置中反应温度以沉降器出口温度为标准,但同时也要参考提升管中下部温度的变化。直接影响反应温度的主要因素是再生温度或再生催化剂进入反应器的温度、催化剂循环量和原料预热温度。在提升管装置中主要是用再生单动滑阀开度来调节催化剂的循环量,从而调节反应温度,其实质是通过改变剂油比调节焦炭产率而达到调节装置热平衡的目的。

(2)反应压力。反应压力是指反应器内的油气分压,油气分压提高意味着反应物浓度提高,因而反应速率加快,同时生焦的反应速率也相应提高。虽然压力对反应速率影响较大,但是操作中压力一般是固定不变的,因而压力不作为调节操作的变量,工业装置中一般采用不太高的压力(约 0.1~0.3 MPa)。催化裂化装置的操作压力主要不是由反应系统决定的,而是由反应器与再生器之间的压力平衡决定的。一般来说,对于给定大小的设备,提高压力是增加装置处理能力的主要手段。

(3)剂油比(C/O)。剂油比是指单位时间内进入反应器的催化剂量(即催化剂循环量)与总进料量之比。剂油比反映了单位催化剂上有多少原料进行反应并在其上积炭。因此,提高剂油比,则催化剂上积炭少,催化剂活性下降小,转化率增加。但催化剂循环量过高将降低再生效果。在实际操作中,剂油比是一个因变参数,一切引起反应温度变化的因素,都会相应地引起剂油比的改变。改变剂油比最便捷的方法是调节再生催化剂的温度和调节原料预热温度。

(4)空速和反应时间。在催化裂化过程中,催化剂不断地在反应器和再生器之间循环,但是在任何时间,反应器和再生器内都各自保持一定的催化剂量,两器内经常保持的催化剂量称藏量。在流化床反应器内,通常是指分布板上的催化剂量。

每小时进入反应器的原料油量与反应器藏量之比称为空速。空速有重量空速和体积空速之分,体积空速是进料流量按温度为20℃时计算的。空速的大小反映了反应时间的长短,其倒数为反应时间。

反应时间在生产中不是可以任意调节的,它是由提升管的容积和进料总量决定的。但生产中反应时间是变化的,进料量的变化、其他条件引起的转化率的变化,都会引起反应时间的变化。反应时间短,转化率低;反应时间长,转化率高。过长的反应时间会使转化率过高,汽柴油收率反而下降,液态烃中烯烃饱和。

(5)再生催化剂含炭量。再生催化剂含炭量是指经再生后的催化剂上残留的焦炭含量。对分子筛催化剂来说,裂化反应生成的焦炭主要沉积在分子筛催化剂的活性中心上,再生催化剂含炭量过高,相当于减少了催化剂中分子筛的含量,催化剂的活性和选择性都会下降,因而转化率大大降低,汽油产率下降,溴价上升,诱导期下降。

(6)回炼比。工业上为了使产品分布(原料催化裂化所得各种产品产率的总和为100%,各产率之间的分配关系即为产品分布)合理以获得更高的轻质油收率,采用回炼操作。即限制原料转化率不要太高,使一次反应后,生成与原料沸程相近的中间馏分,再返回中间反应器重新进行裂化,这种操作方式也称为循环裂化。这部分油称为循环油或回炼油。有时也将最重的渣油(也称油浆)进行回炼,称为"全回炼"操作。循环裂化中反应器的总进料量包括新鲜原料量和回炼油量两部分。回炼油(包括回炼油浆)量与新鲜原料量之比称为回炼比。

回炼比虽不是一个独立的变量,但却是一个重要的操作条件,在操作条件和原料性质大体相同的情况下,增加回炼比,则转化率上升,汽油、气体和焦炭产率上升,但处理能力下降;在转化率大体相同的情况下,若增加回炼比,则单程转化率下降,轻柴油产率有所增加,反应深度变浅。反之,回炼比太低,虽处理能力较高,但轻质油总产率仍不高。因此,增加回炼比,降低单程转化率是增产柴油的一项措施。但是,增加回炼比后,反应所需的热量大大增加,原料预热炉的负荷、反应器和分馏塔的负荷会随之增加,能耗也会增加。因此,回炼比的选取要根据生产实际综合选定。

2. 分馏系统操作影响因素

(1)温度。油气入塔温度,特别是塔顶、侧线温度都应严加控制。要保持分馏塔的平稳操作,最重要的是维持反应温度恒定。处理量一定时,油气入口温度的高低直接影响进入塔内的热量,相应地塔顶和侧线温度都要变化,产品质量也随之变化。当油气温度不变时,回流量、回流温度、各馏出物数量的改变也会破坏塔内热平衡状态,引起各处温度的变化,其中能最灵敏地反映热平衡变化的是塔顶温度。

(2)压力。油品馏出所需的温度与其油气分压有关,油气分压越低,馏出同样的油品所需的温度越低。油气分压是设备内的操作压力与油品摩尔分数的乘积;当塔内水蒸汽量和惰性气体量(反应带入)不变时,油气分压随塔内操作压力的降低而降低。因此,在塔内负荷允许的情况下,降低塔内操作压力,或适当地增加入塔水蒸汽量都可以使油气分压降低。

(3)回流量和回流返塔温度。回流提供了使气、液两相接触的条件,回流量和回流返塔温度通过直接影响全塔热平衡,从而影响分馏效果的好坏。对催化分馏塔,回流量大小、回流返塔温度的高低由全塔热平衡决定。随着塔内温度条件的改变,适当调节塔顶回流量和回流温度是维持塔顶温度平衡的手段,借以达到调节产品质量的目的。一般调节时以调节回流返塔温度为主。

(4)塔底液面。塔底液面的变化反映物料平衡的变化,物料平衡又取决于温度、流量和压力的平稳。反应深度对塔底液面影响较大。

3. 吸收—稳定系统操作影响因素

(1)吸收操作影响因素。

①油气比。油气比是指吸收油用量(粗汽油与稳定汽油)与进塔的压缩富气量之比。当催化裂化装置的处理量与操作条件一定时,吸收塔的进气量也基本保持不变,油气比的大小取决于吸收剂用量的多少。增加吸收油用量,可增加吸收推动力,从而提高吸收速率,即加大油气比,有利于吸收完全。但油气比过大,会降低富吸收油中溶质的浓度,使解吸塔和稳定塔的液体负荷增加,不利于解吸,塔底重沸器热负荷加大使循环输送吸收油的动力消耗也加大;同时,补充吸收油用量越大,被吸收塔顶贫气带出的汽油量也越多,因而再吸收塔吸收柴油用量也增加,又加大了再吸收塔与分馏塔的负荷,导致操作费用增加。此外,油气比也不可过小,它受到最小油气比限制。当油气比减小时,吸收油用量

减小,吸收推动力下降,富吸收油浓度增加。当吸收油用量减小到使富吸油操作浓度等于平衡浓度时,吸收推动力为零,是吸收油用量的极限状况,称为最小吸收油用量,其对应的油气比即为最小油气比,实际操作中采用的油气比应为最小油气比的 1.1～2.0 倍。一般吸收油与压缩富气的重量比大约为 2。

② 操作温度。由于吸收油吸收富气的过程有放热效应,吸收油自塔顶流到塔底,温度有所升高。因此,在塔的中部设有两个中段冷却回流,经冷却器用冷却水将其热量带走,以降低吸收油温度。

降低吸收油温度,对吸收是有利的。因为吸收油温度越低,气体溶质的溶解度越大,可加快吸收速率,有利于提高吸收率。然而,吸收油温度的降低,要靠降低入塔富气、粗汽油、稳定汽油的冷却温度和增加塔的中段冷却取热量。这要过多地消耗冷剂用量,使费用增大。这些都受到冷却器能力和冷却水温度的限制,温度不可能降得太低。

对于再吸收塔,如果温度太低,会使轻柴油黏度增大,吸收效果降低。一般控制在 40℃ 左右。

③ 操作压力。提高吸收塔的操作压力,有利于吸收过程的进行。但加压吸收需要使用大压缩机,使塔壁增厚,费用增大。实际操作中,吸收塔压力由压缩机的能力及吸收塔前各个设备的压降所决定,多数情况下,塔的压力不可调。催化裂化吸收塔压力一般在 0.78～1.37 MPa(绝压),在操作时应维持塔压稳定。

(2) 再吸收塔的操作要领。再吸收塔吸收温度为 50～60℃,压力一般在 0.78～1.08 MPa(绝压)。用轻柴油作吸收剂,吸收贫气中所带出的少量汽油。由于轻柴油很容易溶解汽油,所以通常给定了适量轻柴油后,不需要经常调节,就能满足干气质量要求。

再吸收塔的操作要点主要是控制好塔底液面,防止液位失控、干气夹带柴油,造成燃料气管线堵塞憋压,影响干气利用,还要防止液面压空、瓦斯压入分馏塔影响压力波动。

(3) 解吸塔的操作要领。解吸塔的操作要求主要是控制脱乙烷汽油中的乙烷含量。要使稳定塔停排不凝气,解吸塔的操作是关键之一,需要将脱乙烷汽油中的乙烷解吸到 0.5% 以下。

与吸收过程相反,高温低压对解吸有利。但在实际操作中,解吸塔压力取决于吸收塔或其气、液平衡罐的压力,不可降低。对于吸收解吸单塔流程,解吸段压力由吸收段压力来决定;对于吸收解吸双塔流程,解吸气要进入气、液平衡罐,解吸塔压力要比吸收塔压力高 50 kPa 左右,否则,解吸气排不出去。所以,要使脱乙烷汽油中乙烷的解吸率达到规定要求,只有提高解吸温度。通常,通过控制解吸重沸器出口温度来控制脱乙烷汽油中的乙烷含量。温度控制要适当,太高会使大量 C_3、C_4 组分被解吸出来,影响液化气收率;太低则不能满足乙烷解吸率要求;必须采取适宜的操作温度,既要把脱乙烷汽油中的 C_2 脱净,又要保证干气中的 C_3、C_4 含量不大于 3%(体积分数),其实际解吸温度因操作压力的不同而不同。

(4) 影响稳定塔的操作因素。稳定塔的任务是把脱乙烷汽油中的 C_3、C_4 进一步分离出来,塔顶出液化气,塔底出稳定汽油。控制产品质量要保证稳定汽油蒸汽压合格;要使稳定汽油中 C_3、C_4 含量不大于 1%;尽量在回收液化气的同时,使液化气中 C_5 含量尽量少,最好不含 C_5,汽油收率不减少、下游气体分馏装置也不需要设脱 C_5 塔,还能使民用液化气不留残液,利于节能。

影响稳定塔的操作因素主要有回流比、塔顶压力、进料位置和塔底温度。

① 回流比。回流比即回流量与产品量之比。稳定塔回流为液化气,产品量为液化气和不凝气。按适宜的回流比来控制回流量,是稳定塔的操作特点。稳定塔要保证塔底汽油蒸汽压合格,剩余的轻组分全部从塔顶蒸出。塔底液化气是多元组分,从温度上不能灵敏地反映塔顶组成的小变化。因此,稳定塔无法通过控制塔顶温度来调节回流量,而是按一定回流比来调节,以保证其精馏效果。一般稳定塔控制回流比为 1.7~2.0。当采取深度稳定操作的装置时,回流比适当提高至 2.4~2.7,以提高 C_3、C_4 馏分的回收率。回流比过小,精馏效果差,液化气会大量夹带重组分(C_5、C_6 等);回流比过大,要保证汽油蒸汽压合格,相应地要增大塔底重沸器热负荷和塔顶冷凝冷却器负荷,降低冷凝效果,甚至使不凝气排放量加大,液化气产量减少。

② 塔顶压力。稳定塔压力应以控制液化气(C_3、C_4)完全冷凝为准,即使操作压力高于液化气在冷却后温度下的饱和蒸汽压。否则,在液化气的泡点温度下,其不易保持全凝,不能解决排放不凝气的问题。

控制稳定塔压力,可以采用塔顶冷凝器热旁路压力调节的方法,常用于冷凝器安装位置低于回流油罐的浸没式冷凝器;也可采用直接控制塔顶流出阀的方法,常用于塔顶使用空冷器安装位置高于回流罐的场合。

③进料位置。稳定塔进料设有三个进料口,进料在进入稳定塔前,先要与稳定汽油换热、升温,使部分进料汽化。进料的预热温度直接影响稳定塔的精馏操作,进料预热温度高时,汽化量大,气相中重组分增多。此时,如果开上进料口,则容易使重组分进入塔顶轻组分中,降低精馏效果。因此,应根据进料温度的不同,使用不同进料口。进料温度高时使用下进料口;进料温度低时,使用上进料口;夏季开下口,冬季开上口。总的原则是根据进料汽化程度选择进料位置。

④塔底温度。塔底温度以保证稳定汽油蒸汽压合格为准。汽油蒸汽压高则提高塔底温度,反之,则应降低塔底温度,控制好塔底重沸器加热温度。

如果塔底重沸器热源不足,进料预热温度也不可能再提高,则只得适当降低操作压力或减小回流比,以牺牲稳定塔一定的精馏效果,来保证塔底产品质量合格。

二、催化裂化催化剂的类型及其性能

在工业催化裂化的装置中,催化剂不仅影响生产能力和生产成本,对操作条件、工艺过程、设备型式都有重要的影响。流化催化裂化技术的发展和催化剂技术的发展是分不开的,尤其是分子筛催化剂的发展为催化裂化工艺的进步做出巨大供献。

(一)催化裂化催化剂类型组成及结构

工业上所使用的裂化催化剂品种繁多,归纳起来有三大类:天然白土催化剂、无定型合成催化剂和分子筛催化剂。早期使用的无定形硅酸铝催化剂孔径大小不一、活性低、选择性差早已被淘汰,现在应用广泛的是分子筛催化剂。下面重点讨论分子筛催化剂的种类、组成及结构。

分子筛催化剂是20世纪60年代初发展起来的一种新型催化剂,它对催化裂化技术的发展起了划时代的作用。目前催化裂化所用的分子筛催化剂由分子筛(活性组分)、载体以及黏结剂组成。

1. 分子筛(活性组分)

分子筛也称沸石,它是一种具有一定晶格结构的铝硅酸盐。早期硅酸铝催化剂的微孔结构是无定形的,即空穴和孔径很不均匀,而分子筛则具有规则的晶格结构,它的孔穴直径大小均匀,就像一定规格的筛子,只能让直径比它孔径小的分子进入,而不能让比它孔径更大的分子进入。它能像筛子一样将直径大小不等的分子分开,得名分子筛。不同晶格结构的分子筛具有不同直径的孔穴,相同晶格结构的分子筛,所含金属离子不同时,孔穴的直径也不同。

分子筛按组成及晶格结构的不同可分为 A 型、X 型、Y 型及丝光沸石。目前催化裂化使用的主要是 Y 型分子筛。分子筛晶体的基本结构为晶胞。图 7-17 是 Y 型分子筛的单元晶胞结构,每个单元晶胞由八个削角八面体组成,图 7-18 为削角八面体,其每个顶端是 Si 或 Al 原子,其间由氧原子连接。由于削角八面体的连接方式不同,可形成不同品种的分子筛。晶胞常数是分子筛结构中重复晶胞之间的距离,也称晶胞尺寸。在典型的 Y 型沸石晶体中,一个单元的晶胞包含 192 个骨架原子,即 55 个 Al 原子和 137 个 Si 原子。晶胞常数是分子筛结构的重要参数。

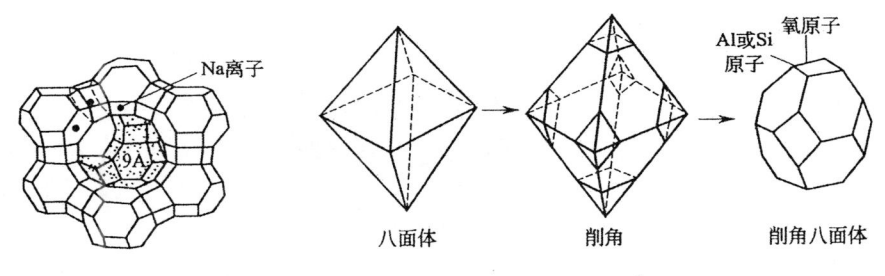

图 7-17　Y 型分子筛的单元晶胞结构

图 7-18　削角八面体

2. 载体(基质)

人工合成的分子筛如含钠离子的分子筛(图 7-17),这种分子筛没有催化活性。分子筛中的钠离子可以被氢离子、稀土金属离子(如铈、镧、镨等)等取代,经过离子交换的分子筛的活性比硅酸铝的高上百倍。近年来,研究发现,当以某些单体烃的裂化速率来比较时,某些分子筛的催化活性比硅酸铝高出万倍。这种过高活性的分子筛不宜直接用作裂化催化剂。作为裂化催化剂时,一般将分子筛均匀分布在基质(也称载体)上。目前工业上所采用的分子筛催化剂一般含 20%～40% 的分子筛,其余的是基质,主要起稀释作用。

基质是指催化剂中除分子筛之外具有催化活性的组分。催化裂化通常采用无定形硅酸铝、白土等具有裂化活性的物质作为分子筛催化剂的基质。基质除稀释作用外,还有以下作用。

①在离子交换时,分子筛中的钠离子不可能被完全置换掉,而钠离子的存在会影响分子筛的稳定性,基质可以容纳分子筛中未除去的钠离子,从而提高了分子筛的稳定性。

②在再生和反应时,基质作为一个庞大的热载体,起到热量储存和传递的作用。

③可增强催化剂的机械强度。

④重油催化裂化进料中的部分大分子难以直接进入分子筛的微孔中,如果基质具有一定的催化活性,则可以使这些大分子先在基质的表面上进行裂化,生成的较小的分子,再进入分子筛的微孔中进行进一步反应。

⑤基质还能容纳进料中易生焦的物质,如沥青质、重胶质等,对分子筛起到一定的保护作用,对重油催化裂化尤为重要。

3. 黏结剂

黏结剂作为一种胶将分子筛、基质黏结在一起。黏结剂可能具有催化活性,也可能无活性。黏结剂决定催化剂的物理性质(密度、抗磨强度、粒度分布等),提供传热介质和流化介质。对于含有大量分子筛的催化剂,黏结剂更加重要。

(二)催化裂化催化剂评价

催化裂化工艺对所用催化剂有诸多的使用要求,其中表示其催化性质的活性、选择性、稳定性和抗重金属污染性以及表示其物理性质的密度、筛分组成、机械强度、流化性能和抗磨性能是评定催化剂性能优劣的重要指标。

1. 一般理化性质

(1)密度。对催化裂化催化剂来说,它是微球状多孔性物质,故其密度有几种不同的表示方法。

①真实密度。又称催化剂的骨架密度,即颗粒的质量与骨架实体所占体积之比,其值一般是 $2\sim2.2\ g/cm^3$。

②颗粒密度。把微孔体积计算在内的单个颗粒的密度,一般是 $0.9\sim1.2\ g/cm^3$。催化剂的颗粒密度对催化剂的流化性能有重要的影响。

③堆积密度。催化剂堆积时包括微孔体积和颗粒间的孔隙体积的密度,一般是 0.5～0.8 g/cm³。对于微球状(粒径为 20～100 μm)的分子筛催化剂,堆积密度又可分为松动状态、沉降状态和密实状态三种状态下的堆积密度。催化剂的堆积密度常用于计算催化剂的体积和重量。

(2)筛分组成和机械强度。流化床所用的催化剂由大小不同的混合颗粒组成。颗粒所占的百分数称为筛分组成或粒分布。

颗粒越小越易流化,表面积也越大,但气流夹带损失也会越大。一般称直径小于 40 μm 的颗粒为细粉,大于 80 μm 的为粗粒,粗粒与细粉含量的比称为粗度系数。粗度系数大时流化质量差,通常该值不大于 3。设备中平衡催化剂的细粉含量在 15%～20% 时流化性能较好,在输送管路中的流动性也较好,能增大输送能力,并改善再生性能,气流夹带损失也不太大。但直径小于 20 μm 的颗粒过多时会使损失加大,粗粒多时流化性能变差,对设备的磨损也较大。因此对平衡催化剂,希望其颗粒直径在 10～80 μm 的含量保持在 70% 以上。新鲜催化剂的筛分组成是由制造时的喷雾干燥条件决定的,一般变化不大,平均颗粒直径在 60 μm 左右。

平衡催化剂的筛分组成主要取决于补充的新鲜催化剂的量、粒度组成、催化剂的耐磨性能和在设备中的流速等因素。一般工业装置中平衡催化剂的细粉与粗粒含量均较新鲜催化剂少,这是由于有细粉跑损和有粗粒磨碎。

催化剂的机械强度用磨损指数表示,磨损指数是将大于 15 μm 的混合颗粒经高速空气流冲击 100 h 后,测经磨损生成小于 15 μm 颗粒的质量分数,通常要求该值为 3～5。催化剂的机械强度过低则催化剂的耗损大;机械强度过高则设备磨损严重,应保持在一定范围内。

(3)结构特性。孔体积也就是孔隙度,它是多孔性催化剂颗粒内微孔的总体积,以 mL/g 表示。比表面积是微孔内外表面积的总和,以 m²/g 表示。在催化剂的使用中,由于各种因素的作用,孔径会变大,孔体积减小,比表面积降低。新鲜 REY 分子筛催化剂的比表面积为 400～700 m²/g,而平衡催化剂降到 120 m²/g 左右。

孔径是微孔的直径。硅酸铝(分子筛催化剂的载体)微孔的大小不一,通常是指平均直径,由孔体积与比表面积计算而得,公式如下:

$$\text{孔径(nm)} = 4 \times \frac{\text{孔体积}}{\text{比表面积}} \times 10^3 \tag{7-1}$$

分子筛本身的孔径是一定的,X型和Y型分子筛的孔径即八面沸石笼的窗口,只有0.8～0.9 nm,比无定型硅酸铝(新鲜的5～8 nm,平衡的10 nm以上)小得多,孔径对气体分子的扩散有影响,孔径大的分子筛有利于分子进出。

分子筛催化剂的结构特性是分子筛与载体性能的综合体现。半合成分子筛催化剂在制备技术上有重大改进,这种催化剂具有大孔径、低比表面积、小孔体积、大堆积密度、结构稳定等特点,工业装置上使用时,活性、选择性、稳定性和再生性能都比较好,而且损失少并有一定的抗重金属污染能力。

(4)比热容。催化剂的比热容和硅铝比有关。高铝催化剂的比热容较大,低铝催化剂的较小[1.1 kJ/(kg·K)],比热容受温度的影响较小。

分子筛催化剂中因分子筛含量较少,所以其物理性质与无定型硅酸铝有相同的规律,不过由于分子筛是晶体结构且含有金属离子更易产生静电。

2. 催化剂的使用性能

对裂化催化剂的评价,除要求一定的物理性能外,还需要有一些与生产情况直接关联的指标,如活性、选择性、稳定性、再生性能、抗污染性能等。

(1)活性。活性是指催化剂促进化学反应进行的能力。活性的大小决定于催化剂的化学组成、晶胞结构、制备方法、物理性质等。活性是评价催化剂促进化学反应能力的重要指标。工业上有好几种测定方法和表示方法,它们都是有条件性的。目前各国测定活性的方法不统一,但是原则上都是取一种标准原料油,通过装在固定床中的待测定的催化剂,在一定的裂化条件下进行催化裂化反应,得到一定终馏点的汽油质量产率(包括汽油蒸馏损失的一部分)作为催化剂的活性。

目前普遍采用微活性法测定催化剂的活性。测定的条件如下。

反应温度:460 ℃   催化剂用量:5 g
反应时间:70 s   催化剂颗粒直径:20～40目
剂油比:3.2   标准原料油:大港原油235～337 ℃馏分
质量空速:162 h^{-1} 原料油用量:1.56 g

所得产物中的小于204 ℃汽油、气体和焦炭的质量和占总进料量质量的百分数即为该催化剂的微活性。新鲜催化剂有比较高的活性,但是在使用时由于高温、积炭、水蒸汽、重金属污染等影响后,使活性先快速下降,再缓慢下降。在生产装置中,为使活性保持一个稳定的水平以及补充生产中损失的部分催化剂，需补入一定量的新鲜催化剂，此时的活性称为平衡催化剂活性。

活性是催化剂最主要的使用指标，在一定体积的反应器中，催化剂装入量一定，活性越高，则处理原料油的量越大，若处理量相同，则所需的反应器体积可缩小。

(2)选择性。在催化反应过程中，希望催化剂能有效地促进理想反应，抑制非理想反应，最大限度增加目的产品产率，同时改善产品质量的能力称为选择性。活性高的催化剂，其选择性不一定好，所以不能单以活性高低来评价催化剂的使用性能。

衡量选择性的指标很多，一般以增产汽油为标准，汽油产率越高，气体和焦炭产率越低，则催化剂的选择性越好。常以汽油产率与转化率之比、汽油产率与焦炭产率之比以及汽油产率与气体产率之比来表示。我国的原油催化裂化过程除生产汽油外，还希望多产柴油及气体烯烃，也可以从这个角度来评价催化剂的选择性。

(3)稳定性。催化剂在使用过程中保持其活性的能力称为稳定性。在催化裂化过程中，催化剂需反复经历反应和再生两个不同阶段，受高温和水蒸汽长期作用，这就要求催化剂在苛刻的工作条件下，活性和选择性能长时间地维持在一定水平上。催化剂在高温和水蒸汽的作用下，其物理性质发生变化，出现活性下降的现象称为老化。也就是说，催化剂耐高温和耐水蒸汽老化的能力就是催化剂的稳定性。

在生产过程中，催化剂的活性和选择性都在不断地变化，这种变化分两种：一种是活性逐渐下降而选择性无明显的变化，这主要是由于高温和水蒸汽的作用，使催化剂的微孔直径扩大，比表面积减少而引起活性下降。对于这种情况，提出热稳定性和蒸汽稳定性两种指标。另一种是活性下降的同时，选择性变差，这主要是由于重金属及含硫、含氮化合物等使催化剂中毒之故。

(4)再生性能。经过裂化反应后的催化剂，由于表面积炭覆盖了活性中心，使裂化活性迅速下降。这种表面积炭可以在空气中高温燃烧去除，使活性中心重新暴露而恢复活性，这一过程称为再生。催化剂的再生性能是指其表面积炭是否容易烧掉，这一性能在实际生产中有着重要的意义，因为一个工业催化裂化装置中，决定设备生产能力的关键往往是再生器的负荷。

若再生效果差，再生催化剂含炭量过高时，则会大大降低转化率，使汽油、气体、焦炭产率下降,且汽油的溴值上升,感应期下降,柴油的十六烷值上升而实际胶质下降。对再生催化剂的含炭量的要求:早期的分子筛催化剂为 0.2%～0.3%(质量分数),对目前使用的超稳型沸石催化剂则要求降低到 0.05%～0.1%,甚至更低。

再生速率与催化剂的物理性质有密切关系,大孔径、小颗粒的催化剂有利于气体的扩散,使空气易于达到内表面,燃烧产物也易逸出,故有较高的再生速率。

(5)抗污染性能。原料油中重金属(铁、铜、镍、钒等)、碱土金属(钠、钙、钾等)以及碱性氮化物会对催化剂造成污染。

重金属在催化剂表面上沉积会大大降低催化剂的活性和选择性,使汽油产率降低,气体和焦炭产率增加,尤其是裂化气体中的氢含量增加,C_3 和 C_4 的产率降低。重金属对催化剂的污染程度常用污染指数来表示:

$$污染指数 = 0.1(Fe + Cu + 14Ni + 4V) \tag{7-2}$$

式中,Fe、Cu、Ni、V 分别为催化剂上铁、铜、镍、钒的含量,以 mg/kg 表示。新鲜硅酸铝催化剂的污染指数在 75 以下,平衡催化剂的污染指数在 150 以下,均算作清洁催化剂。污染指数达到 750 时为污染催化剂,大于 900 时为严重污染催化剂。但分子筛催化剂的污染指数达 1000 以上时,对产品的收率和质量尚无明显的影响,说明分子筛催化剂可以适应较宽的原料范围和性质较差的原料。

为防止重金属污染,一方面应控制原料油中重金属的含量,另一方面可使用金属钝化剂(例如,三苯锑或二硫化磷酸锑)以抑制污染金属的活性。

(三)催化剂输送与再生

催化剂输送属于气固输送。它是靠气体和固体颗粒在管道内混合呈流化状态后,使固体运动而达到输送目的的。由于气固混合的密度不同,其输送原理也不一样。故气固输送可分为两种类型,即稀相输送和密相输送。这两种输送的分界线并不十分严格,通常约以密度 100 kg/m³ 作为大致的分界线。例如,催化裂化装置的催化剂大型加料、大型卸料、小型加料、提升管反应器、烧焦罐式再生器的稀相管等处均属于稀相输送,而Ⅳ型催化裂化的 U 形管、密相提升管、立管、斜管、旋分器料腿以及汽提段等处则属于密相输送。

1. 稀相输送

稀相输送也称为气力输送,是大量高速运动的气体把能量传递给固体颗粒,推动固体颗粒加速运动,而进行的输送。因此气体必须有足够高的线速度。如果气体线速度降低到一定程度,颗粒就会从气流中沉降下来,这一速度就是气力输送的最小极限速度,而气力输送的流动特性在垂直管路和水平管路中是不完全相同的。

①在垂直管路中随着气速的降低,颗粒上升速度迅速减慢,因而使管路中颗粒的浓度增大,最后造成管路突然堵塞。出现这种现象时的管路空截面气速称为噎塞速度。通常希望气速在不出现噎塞的情况下尽可能低些,这样可以减小磨损。据实验表明,用空气提升微球催化剂时的噎塞速度约为 1.5 m/s。

②在水平管路中,当气速减低到一定程度时,开始有部分固体颗粒沉于底部管壁,不再流动,这时空截面的气体速度称为沉积速度。虽然沉积速度低于颗粒的终端速度,但并不是一达到沉积速度就立刻使管路全部堵塞,而是由于部分颗粒沉于底部管壁,使有效流通截面减小,气体在上部剩余空间流动,实际线速度仍超过颗粒的终端速度,使未沉降的颗粒继续流动,只是输送量减小。如果进一步降低气速,颗粒沉积越来越厚,管子有效流通截面越来越小,阻力相应地逐渐增大,固体输送量也越来越少,最后才完全堵塞。

③倾斜管路的输送状态介于水平和垂直管路之间。当倾斜度在 45°(管子与水平线的夹角)以下时其流动规律与水平管相似,但颗粒比在水平管路中更易沉积。

实际的气力输送系统常常是既有垂直管段又有水平和倾斜管段,对粒度不等的混合颗粒,沉积速度约为噎塞速度的 3~6 倍,所以操作气速应按大于沉积速度来确定,以免出现沉积或噎塞。但气速也不宜过高,因气速太高会使压降增大,损失能量造成严重磨损。一般操作气速在 8~20 m/s。

催化裂化的提升管反应器及烧焦罐稀相管等处属于稀相输送。

2. 密相输送

密相输送的固气比较大,气体线速较低,操作密度都在几百千克每立方米。气固密相输送有两种流动状态,即黏滑流动(或叫黏附流动)和充气流动。当颗粒较粗且气体量很小,不能使固体颗粒保持流化状态。此时固粒之间互相压紧只能向下移动,而且流动不畅、下料不均,称为黏滑流动,这时的颗粒流动速度一般为 0.6~0.75 m/s。移动床催化裂化装置中,催化剂在内提升管器内的移动即属黏滑流动。对于细颗粒且气体量足以使固粒保持流化态,此时气固混合物具有流体的特性,可以向任意方向流动,这种流动状态称为充气流动。其速度较高,一般固粒运动速度为 0.6～0.75 m/s。流化催化裂化装置中催化剂的密相输送是在充气流动状态下进行的。但在个别部位,固粒流速低于 0.6 m/s 时也会出现黏滑流动。

密相输送的原理:密相输送时,固体颗粒不被气体加速,而是在少量气体松动的流化状态下靠静压差的推动来进行集体运动。Ⅳ型催化裂化装置中催化剂在 U 形管内的输送和高低并列式提升管催化裂化装置中催化剂在斜管内的输送,都是依此原理实现的。U 形管的输送如图 7-19(a)所示,在上升端通入气体(油气或空气)使其密度减小,使两端出现静压差,促使催化剂向低压端流动。斜管输送如图 7-19(b)所示,催化剂靠斜管内料柱静压形成的推力克服阻力向另一端流动的。

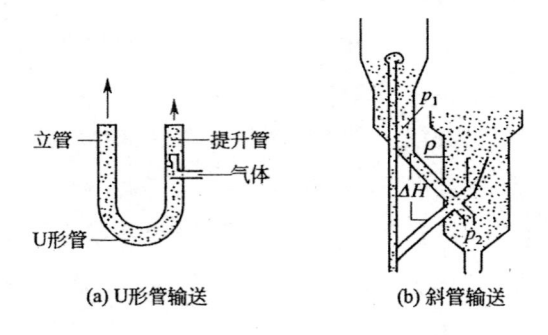

图 7-19 密相输送原理示意

3. 催化剂输送管路

催化剂在两器间循环输送的管路随装置型式不同而异。Ⅳ型装置采用 U 形管,同轴式装置采用立管,并列式提升管装置采用斜管。无论哪种管路,催化剂在其中都呈充气流动状态进行密相输送,但随气固运动方向的不同,输送特点又有显著差别。

①气固同时向下流动,如斜管、立管以及 U 形管的下流段等处。这时的固体线速要高些,一般为 1.2～2.4 m/s,不低于 0.6 m/s,否则气体会向上倒窜,造成脱流化现象,使气固密度增大,容易出现"架桥",如果发生这种现象,可在该管段适当增加松动气量以保持流化状态,使输送恢复正常。

②固体向下而气体向上的流动,如溢流管、脱气罐、料腿、汽提段等处。这

些地方希望脱气,因而要求催化剂下流速度很低,如汽提段<0.1 m/s;溢流管<0.24 m/s;料腿<0.76 m/s,以利于气体向上流动和高密度的催化剂顺利地向下流动。

③固体和气体同时向上流动,如U形管的上流段、密相提升管及预提升管等处。这种情况下的气固流速都要高些,气体需求量也较大,气固密度较小,否则催化剂会下沉,堵塞管路而中断输送。若气体流速超过2 m/s时,则与高固气比的稀相输送很相似。

密相输送的管路直径由允许的质量流速决定。正常操作时的设计质量流速一般约为3200 t/(m²·h),最高为4830 t/(m²·h),最低为1383 t/(m²·h)。

为了防止催化剂在管路中沉积,沿输送管设有许多松动点,通过限流孔板吹入松动蒸汽或压缩空气。输送管上装有切断或调节催化剂循环量的滑阀。在Ⅳ型装置中,正常操作时滑阀是全开的,不起调节作用,只是在必要时(如发生事故)起切断两器的作用,在提升管催化裂化装置中滑阀主要起调节催化剂循环量的作用。

斜管中的催化剂还起料封作用,防止气体倒窜,在压力平衡中是推动力的一部分。滑阀在管路中节流时,滑阀以下不是满管流动,因此滑阀以下的催化剂起不到料封的作用,所以在安装滑阀时应尽量使其靠近斜管下端。滑阀以上斜管长度应满足料封的需要,并留有余地,以免斜管中催化剂密度波动时出现窜气现象。

为了减少磨损,输送管内装有耐磨衬里,对于两端固定而又无自身热补偿的输送斜管应装设波形膨胀节。

4. 催化裂化再生反应

烃类在反应过程中由于缩合、氢转移的结果会生成高度缩合的产物——焦炭,沉积在催化剂上使其活性降低、选择性变差。要催化剂能继续使用,在工业装置中采用再生的方法烧去沉积的焦炭,使其活性及选择性得以恢复。

经反应积焦的催化剂,称为待生催化剂(简称待剂),硅酸铝催化剂的含炭量一般为1%左右,分子筛催化剂为0.85%左右。再生后的催化剂,称为再生催化剂(简称再剂),硅酸铝催化剂的含炭量一般为0.3%~0.5%,分子筛催化剂含炭量要求在0.2%以下或更低,一般为0.05%~0.02%。通常称待再生催化剂与再生催化剂含炭量之差为炭差,一般不大于0.8%。

催化剂再生是催化裂化装置的重要过程,决定一个装置处理能力的关键因素是催化剂再生系统的烧焦能力。催化剂上所沉积的焦炭其主要成分是碳和氢。氢含量随所用催化剂及操作条件的不同而不同。当使用低铝催化剂且操作条件缓和,氢含量为13%~14%,在使用高活性的分子筛催化剂且操作条件苛刻时,氢含量为5%~6%。焦中除碳、氢外还有少量的硫和氮,其含量取决于原料中硫、氮化合物的含量。

催化剂再生反应就是用空气中的氧烧去沉积的焦炭。再生反应的产物是 CO_2、CO 和 H_2O。一般情况下,再生烟气中的 CO_2/CO 的比值在 1.1~1.3。在高温再生或使用 CO 助燃剂时,此比值可以提高,甚至可使烟气中的 CO 几乎全部转化为 CO_2。再生烟气中还含有 SO_x(SO_2、SO_3)和 NO_x(NO、NO_2)。由于焦炭本身是许多种化合物的混合物,主要是由碳和氢组成,故可以写成以下反应式:

$$C + O_2 \longrightarrow CO_2 \quad \Delta H = -33873 \text{ kJ/kg}$$

$$C + \frac{1}{2}O_2 \longrightarrow CO \quad \Delta H = -10258 \text{ kJ/kg}$$

$$H_2 + \frac{1}{2}O_2 \longrightarrow H_2O \quad \Delta H = -119890 \text{ kJ/kg}$$

通常氢的燃烧速度比炭快得多,当炭烧掉10%时,氢已烧掉一半,当炭烧掉一半时,氢已烧掉90%。因此,炭的燃烧速度是再生能力的决定因素。

三个反应的反应热差别很大,因此,1 kg 焦炭的燃烧热因焦炭的组成及生成的 CO_2/CO 的比不同而异。在非完全再生的条件下,一般 1 kg 焦炭的燃烧热在 32000 kJ 左右。再生时需要供给大量的空气(主风),在一般工业条件下,1 kg 焦炭需要耗主风 9~12 m^3。

根据反应式计算出的焦炭燃烧热并不能全部利用,应扣除焦炭的脱附热。脱附热可按式(7-3)计算:

$$\text{焦炭的脱附热} = \text{焦炭的吸附热} = \text{焦炭的燃烧热} \times 11.5\% \quad (7-3)$$

因此,烧焦时可利用的有效热量只有燃烧热的88.5%。

◆◆◆ 三、装置开工操作

1. 开工总则

装置安装完毕,开工前应达到以下六点要求方可开工。

(1)装置安装施工全部结束后,在开工指挥部统一安排下,检查工程质量,检验合格且现场达到工完、料尽、场地清的要求,遗留问题处理完毕。蒸汽水系统、分馏系统、吸收—稳定系统经过吹扫试压、水冲洗、水联运等步骤,三机两泵经过单机单泵试运。

(2)车间人员、岗位操作工必须认真学习开工方案,特别是岗位工人须经考试合格后方可持证上岗操作。

(3)车间组织操作工对工艺和设备进行熟悉和了解,使每位操作工做到心中有数。

(4)开工过程中必须加强领导,协调一致,分工负责,科学地按开工程序安排工作。

(5)把安全放在首位,在开工过程中与安全有矛盾的均应服从"安全第一"这一原则。不违章操作、不野蛮操作。

(6)做到不串油、不超温、不超压、不着火、不爆炸、不跑冒滴漏。

2. 检查及准备工作

各岗位按流程对设备、工艺、机泵、管线、就地仪表等进行全面详细的检查,准备好开工用具。主要检查项目如下:

(1)检查各消防器材、各消防蒸汽带及其他消防器材是否完全可用,并处于备用状态。

(2)详细检查塔、容器、冷换设备、管线上的阀门、垫片、弯头螺栓有无缺少或松动,填料密封有无泄漏。

(3)检查各限流孔板、盲板、压力表、温度计、液面计、安全阀、截止阀、针型阀是否按规定装好。

(4)检查机组、机泵及附件是否齐全好用;冷却水管线是否畅通,油箱、油杯、过滤网是否可用;盘车是否灵活、转向正确,按规定为盘车加好润滑油并处于备用状态。

(5)检查双动滑阀、大小单动滑阀、待生塞阀、烟机高温闸阀、蝶阀、主风单向阻尼阀是否安装正确、活动自如、灵敏可靠。

(6)检查防焦蒸汽、吹扫蒸汽、吹扫风、燃烧油喷嘴是否畅通。

(7)检查辅助燃烧室喷嘴安装情况,燃烧油、天然气、风线及蒸汽线是否畅通,安装好一次直观温度显示仪表。

(8)检查大型加料线、小型加料线各松动点是否畅通,催化剂储罐充压线是否畅通。

(9)冷催化剂罐、热催化剂罐准备好催化剂并检好尺寸。CO助燃剂、钝化剂、润滑油充足。

(10)工具、照明器材、通信器材、劳动保护用品完备。

(11)各岗操作记录、交接班记录、操作规程、应急预案和各种规章制度齐全。

(12)联系调度将水、电、汽、风、天然气引进装置,联系油品、化验、仪表、机修、配电等单位配合好开工准备工作。

3. 反应岗位开工要点

(1)引入公用工程。引入 1.0 MPa 蒸汽、3.5 MPa 蒸汽、除氧水、循环水系统。

(2)反应—再生系统调整至150℃恒温。启动主风机或备用风机。投用反吹风、松动风、保护风,反应—再生系统主风升温至150℃,检查反应—再生系统气密性,测试漏吹扫引流程,辅助燃烧室点火。

(3)反应—再生系统由150℃向350℃升温。反应—再生系统升温热紧,由150℃向350℃升温。

(4)反应—再生系统550℃恒温。反应—再生系统升温至550℃并保持恒温,气压机低速运转,准备加催化剂。

(5)热拆大盲板,赶空气。赶空气,反应分馏连通,再生器密相温度达到550℃并保持恒温,调整两器参数达到装剂条件。

(6)配合分馏建立原料、回炼、油浆循环。

(7)建立两器流化、喷油,调整操作。向沉降器转剂、喷油,调整操作,投用反应—再生系统自保,投用回炼油回炼。

4. 分馏岗位开工要点

(1)分馏系统工艺管线、单体设备贯通并进行水试压。工艺管线和单体设备贯通试压,对原料油系统,回炼油系统,油浆系统,中段系统,顶循环系统,塔顶油气系统进行贯通试压,对分馏塔、轻柴油汽提塔、回炼油罐、火炬线系统、粗汽油系统进行贯通试压。分馏系统贯通试压完毕后,关闭所有排凝阀保证系统为正压状态。

(2)引原料油,建立循环。改好原料油循环流程,引原料油建立蜡油循环,引蜡油经开工循环线、油浆外甩冷却器外甩至成品,控制外甩温度≤90℃,温度升至100~120℃,联系机修进行热紧,温度升至170~190℃,再联系机修进行热紧。

(3)拆除大盲板,反应分馏连通,建立塔内循环。引入循环水循环,启用粗汽油泵,控制塔顶温度≤120℃,联系调度引常压蜡油至原料罐油罐、回炼油罐,原料油罐气返线改去产品油浆冷却器,联系调度引柴油至柴油汽提塔,液位为70%。中段系统充柴油,联系调度引汽油至粗汽油罐,液位为70%。顶循环系统充汽油,原料油泵循环正常,蜡油经开工循环线进入回炼油罐,液位为70%,改好回油抽出线与油浆副线阀。油浆泵运行正常,加大外甩量,提高系统循环油温度、建立油浆塔内循环。

(4)分馏接收反应泊气,调整操作。控制好塔底温度≤365℃,塔底液位正常;控制粗汽油罐液位为60%,建立顶回流;建立中段回流,启用柴油泵向装置外送轻柴油;控制好油浆外甩量及外甩温度、调整好塔中段回流取热分配,保持热平衡;按工艺指标控制好各操作参数,各部温度、压力、液位正常,产品质量合格;联系仪表确认本岗位所有仪表正常、粗汽油罐加强脱水。

5. 吸收—稳定岗位开工要点

(1)开工前应进行全面检查。

(2)稳定系统进行贯通。

(3)吸收—稳定系统应进行试压、赶空气。

(4)吸收—稳定系统引瓦斯。

(5)炉点火,反应—再生系统升温,分馏、稳定引油循环。

(6)装催化剂两器流化,保持三塔循环。

(7)反应进油、开气压机,压缩富气、粗汽油进稳定系统。

(8)吸收—稳定系统升温、升压,调整操作。

◆ 四、装置停工操作

1. 停工方案及要求

严守方案,不经技术部门同意,任何人不可随意更改方案条款。明确职责范围,统一在停工总指挥的领导下,安全正点停工。严格实行岗位操作员、班长和技术员三级检查,做到准确地互通信息,方案上报,做到细致可靠、稳扎稳打、走上步、看下步、高标准、严要求。停工过程中做到不超压、不超温、不着火、不爆炸、不出次品、不出人身事故、不损坏设备、不污染环境、不跑油、不串油(剂、溶剂)、不违章作业,拿油干净,爆炸气分析一次合格,扫线一次合格。

2. 反应岗位停工要点

(1)准备阶段。

①平衡剂储罐检好尺寸,准备接收热催化剂。

②将再生器底部卸剂线用非净化风扫通,并将罐顶抽真空流程改好。

③检查事故返回线,各事故蒸汽放空排凝,停止钝化剂和急冷油的加入。

④试验气压机入口放火炬阀、双动滑阀是否灵活好用。

⑤联系公用工程做好放火炬、低压瓦斯线的脱凝缩油工作,确保放火炬线畅通。

⑥巡查统计本岗位泄漏点。

⑦准备好废润滑油(点浸螺栓用)和胶管一根(抽吸剩余催化剂用)。

要注意:联系有关单位做好安装两油气线大盲板的准备工作,并准备好装置区内所用盲板;消防设施进行全面检查确保齐全好用;装置内停止一切施工用火;确保各排水沟下水畅通。

(2)降温降量。

①逐步降原料油量,每次以 5%～10% 的速度进行,同时应视主次提升管反应温度来调整单动滑阀开度,缓慢关闭主提升管平衡滑阀,并慢慢开大预提升蒸汽副线。

②逐步降低回炼油回炼量,视回炼油罐液位来控制回炼油的回炼直至全部停止回炼,管内存油用蒸汽扫入提升管,扫后关闭次提升管器壁阀。

③降进料量,再生器床温在下降,为保证大小提升管出口温度,及时调整再生床温(外取热器),降量时为防止提升管流化失常和沉降器压力波动过大,可适量开大进料雾化蒸汽和预提升蒸汽。

④根据降量情况,逐步降低主风进入再生器的量,主风量减少,烟气量逐渐减少,慢慢关闭烟机入口蝶阀,用双动滑阀来控制再生器压力。

(3)切断进料。

①当总进料降至 20 t/h 时启用原料油低流量自保,关闭原料油进入主提升

管的阀门,打开喷嘴预热线阀门,将原料油雾化蒸汽开大。

②关闭小提升管滑阀。

③切断进料后,用两提升管预提升蒸汽保持两器流化烧焦,在气压机入口放火炬阀控制系统压力,严防提升管温度≥550℃,再生器维持床温为500~600℃。

(4)卸催化剂。

①缓慢关闭大小提升管单动滑阀,打开大小提升管滑阀,再生器压力降至 0.1 MPa,调整两器差压为正差压,使沉降器压力比再生器压力高 0.01~0.02 MPa,将沉降器内催化剂转入再生器单器流化。

②当沉降器汽提段显示没有藏量且待再生催化剂反应器的滑阀压降显示为零时,表明沉降器内催化剂已全部转入再生器,此时可以关闭该滑阀。

③再生温度维持在 560℃左右,采用单器流化烧焦,取样目测烧焦情况,启用热催化剂罐顶抽空器,利用输送风量和卸料阀开度控制卸料速度,保持卸剂管线温度≥450℃,避免催化剂罐和卸剂线热胀变形损坏。

④卸剂后期,增加外取热器底环管提升风量,将外取热内催化剂全部吹入再生器内,此时切断两器。

⑤三旋系统催化剂卸净。

⑥催化剂卸净后,应关闭防焦蒸汽、雾化、松动点、冷却蒸汽和吹扫蒸汽,保留预提升蒸汽和汽提蒸汽。

(5)装盲板及退油扫线。

①将预提升蒸汽和汽提蒸汽关小,打开沉降器顶端放空阀和主次油气线上的放空阀。

②因分馏与反应现仍为一系统,分馏沉降器系统必须呈微正压(高于再生器压力)。拆卸时,先松开装大盲板法兰的部分螺栓,确认无热油水流出才开始拆垫圈。

③油气管线大盲板装完后,开大预提升蒸汽和汽提蒸汽半小时后再关闭。

④关闭反应—再生系统蒸汽总阀,打开非净化风连通阀,打开两提升管,底放空,观察催化剂是否卸净。

⑤将两器自下而上沿器壁逐个打开松动点、反吹点的放空阀,从两器由内向外反吹,同时记录不通部位。

⑥卸完催化剂后,再生器床层温度降至200℃以下,停主风机。

⑦关闭油气线上放空阀、双动滑阀。

⑧自下而上打开两入孔,自然通风冷却至常温。

⑨装盲板时,避免空气窜入分馏塔。

3. 分馏系统停工要点

(1)准备工作。分馏岗位应与反应岗位密切配合,在反应逐步降量时,尽量维持分馏系统的操作,少出不合格产品。提前通知调度,切断反应进料。罐区准备接收分馏重物料、污油的装置。注意重芳烃浆的变化,保持汽包的液位,当压力降低时,视情况将蒸汽发生器系统切除。

(2)分馏系统退油。

(3)扫线。

4. 吸收—稳定岗位停工要点

吸收—稳定停工过程主要包括准备工作、停工步骤、加盲板等。

(1)准备工作。联系储运,做好接收不合格油的准备,登记漏点,做好记录。检查放火炬系统,准备气压机入口放火炬。检查地漏是否畅通。停富气水洗。

(2)停工步骤。随着反应降量、粗汽油及凝缩油数量不断减少,热源不足,此时应尽量利用分馏塔中段循环热量,维持稳定塔和解析塔操作;与反应密切配合,进一步加大汽油、液化气出装置的量,拉空各塔、容器;切断进料后,分馏中段抽空,吸收—稳定失去热源,产品不合格,稳定汽油改送罐区不合格污油罐;根据富气量联系气压机岗位,停止压缩富气进吸收—稳定系统,改压缩机入口放火炬。

(3)加盲板。加盲板扫线后,按盲板表要求加装盲板,并作出明显的盲板标记。加盲板要做到装置间隔离,工艺管道与公用工程管道隔离。保证扫线后各管线、塔、容器等设备不窜入油气或惰性气体。

五、常见事故及处理

1. 反应温度大幅度波动

(1)事故原因。①提升管总进料量大幅度变化,原料油泵(蜡油或渣油)或回炼油泵抽空、故障,以及焦蜡进料变化。②急冷油量大幅度波动。③再生滑阀故障,控制失灵。④两器压力大幅度波动。⑤原料油带水。⑥再生器温度大幅度波动。⑦催化剂循环量大幅度变化。⑧原料的预热温度大幅度变化。

(2)处理方法。①提升管进料量波动,查找原因。若仪表故障,可改用手动或副线手阀控制。若机泵故障,应迅速换泵,以稳定其流量。若滑阀故障,可将其改为现场手摇,联系仪表、钳工处理。②控制油浆循环流量,调整预热温度。若三通阀失灵,可改手动,由仪表处理。③稳定两器压力,稳定催化剂的循环量,并查找压力波动的原因。④调整外取热器的取热量,控制好再生器的密相温度。⑤原料油带水则按原料油带水的非正常情况处理。⑥严禁反应温度＞550℃,或者＜480℃。若反应温度过高或过低,首先稳定反应器压力,反应温度过高,可增大反应终止剂用量,若反应温度过低,必须提高催化剂循环量或降低处理量。⑦注意沉降器、旋风分离器线速度,若过低按相应规程处理。⑧提高原料的预热温度。

2.原料带水

(1)事故原因。①原料预热温度突然下降,然后迅速增加,并波动不止。②提升管反应温度下降,后迅速上升,并波动不止。③沉降器压力上升,后下降,并波动不止。④原料换热器憋压,气阻。⑤原料油进料流量控制先迅速上升,后迅速下降,且大幅度波动。

(2)处理方法。①根据原料换罐情况确定哪一种原料带水,并与调度联系要求切除。②关小重质原料预热三通阀或开大焦化蜡油预热三通阀。③打开事故旁通副线2～5扣,提高进料量将水排至容器。④若带水严重,且来自焦化蜡油或渣油,可降低其处理量甚至切除,提高其余原料量。⑤在处理过程中,要注意再生器密相温度,并注意主风机、气压机运行工况。防止发生二次燃烧。及时向系统补入助燃剂。⑥注意沉降器旋风分离器线速度,若过低按相应规程处理。⑦在处理过程中要防止沉降器藏量波动,控制好反应压力,严重时可放火炬。

3.进料量大幅度波动

(1)事故原因。①原料带水。②原料油泵(直馏蜡油或减压渣油)、回炼油泵不上量或发生机械、电气故障。③原料油、回炼油等流控系统失灵或喷嘴进料流量控制失灵。

(2)处理方法。①迅速判断原因,采取相应措施。原料带水时,按原料带水的非正常情况处理。②泵不上量时,油罐抽空迅速联系罐区处理,若机泵故障,立即启用备用泵。③控制阀失灵后,迅速改手动或控制阀副线手阀控制,联系处理仪表。④原料油短时间中断后,可适当提高其他回炼油及油浆量,降低压力,保证旋风分离器线速度。⑤若蜡油中轻组分过多或温度过高,也会表现出相同的特征,但明显体现在机泵上,应迅速和调度联系要求换罐。

第八章 催化加氢加工

第一节 催化加氢工艺原理

催化加氢过程根据反应机理可分两类：一类是在催化剂的作用下，氢气与油品中的 S、N、O 和重金属等少量杂质反应，以脱除杂质的加氢处理过程的反应，工业应用主要为加氢精制过程；另一类是加氢过程是使油品中主要组分结构发生变化的加氢转化反应，工业应用主要为加氢裂化过程。

一、加氢处理反应

加氢精制是指在催化剂和氢气存在下，石油馏分中含硫、含氮、含氧化合物发生加氢脱硫、脱氮、脱氧反应，含金属的有机化合物发生氢解反应，烯烃和芳烃发生加氢饱和反应。通过加氢精制可以改善油品的气味、颜色和安定性，提高油品的质量，满足对油品使用的环保要求。

1. 加氢脱硫反应

硫在石油馏分中的含量一般随馏分沸点的上升而增加。含硫化合物主要是硫醇、硫醚、二硫化物、噻吩、苯并噻吩和二苯并噻吩（硫芴）等物质。含硫化合物的加氢反应，是在加氢精制条件下石油馏分中的含硫化合物进行氢解，转化成相应的烃和 H_2S，从而硫杂原子被脱掉。几种含硫化合物的加氢精制反应如下：

硫醇通常集中在低沸点馏分中，随着沸点的上升，硫醇含量显著下降，>300℃的馏分中几乎不含硫醇。硫醇加氢精制反应为：

$$RSH + H_2 \longrightarrow HR + H_2S$$

硫醚存在于中沸点馏分中，300～500℃馏分的硫化物中，硫醚可占50%。重质馏分中，硫醚含量一般下降。硫醚加氢精制反应为：

$$RSR' + H_2 \longrightarrow R'SH + RH$$
$$\searrow^{H_2} R'H + H_2S$$

二硫化物一般存在于110℃以上的馏分中，在300℃以上馏分中的含量无法测定。二硫化物加氢精制反应为：

$$RSSR + H_2 \longrightarrow RSH \longrightarrow RH + H_2S$$
$$\searrow RSR + H_2S$$

杂环硫化物是中沸点馏分中的主要硫化物。沸点在400℃以上的杂环硫化物，多属于单环环烷烃衍生物，多环衍生物的浓度随分子环数增加而下降。杂环硫化物加氢精制反应为：

$$\text{(噻吩)} + H_2 \longrightarrow \text{(四氢噻吩)} \xrightarrow{H_2} C_4H_9SH \xrightarrow{H_2} C_4H_{10} + H_2S$$

苯并噻吩加氢反应为：

（苯并噻吩加氢反应式）

二苯并噻吩（硫芴）加氢反应为：

（二苯并噻吩加氢反应式）

含硫化合物的加氢反应速率与其分子结构有密切关系，不同类型含硫化合物的加氢反应速率为硫醇＞二硫化物＞硫醚＞噻吩＞苯并噻吩＞二苯并噻吩。

2. 加氢脱氮反应

石油馏分中的氮化物主要是杂环氮化物，非杂环氮化物含量很少。石油中的氮含量一般随馏分沸点的升高而增加。在较轻的馏分中，单环、双环、杂环含氮化合物(吡啶、喹啉、吡咯、吲哚等)占主要地位，而稠环含氮化合物则集中在较重的馏分中。含氮化合物大致可以分为：脂肪胺及芳香胺类、吡啶及喹啉类型的碱性杂环化合物、吡咯及咔唑型的非碱性氮化物。

在加氢精制过程中，氮化物在氢作用下转化为 NH_3 和烃，脱除石油馏分中的氮，达到精制的目的。几种含氮化合物的加氢精制反应如下：

脂肪胺在石油馏分中的含量很少，它们是杂环氮化物开环反应的主要中间产物，很容易加氢脱氮。脂肪胺的加氢脱氮反应如下：

$$R-NH_2 \xrightarrow{H_2} RH + NH_3$$

腈类可以看作是氢氰酸(HCN)分子中的氢原子被烃基取代而生成的一类化合物(RCN)。腈类在石油馏分中含量很少，较容易加氢生成脂肪胺，进一步加氢，C—N 键断裂释放出 NH_3 而脱氮。腈类的加氢脱氮反应如下：

$$RCN \xrightarrow{2H_2} RCH_2NH_2 \xrightarrow{H_2} RCH_3 + NH_3$$

苯胺加氢在所有的反应条件下主要的烃产物是环己烷，其反应如下：

$$C_6H_5NH_2 \xrightarrow{4H_2} C_6H_{12} + NH_3$$

六元杂环氮化物吡啶的加氢脱氮反应如下：

$$\text{吡啶} \xrightarrow{3H_2} \text{哌啶} \xrightarrow{H_2} C_5H_{11}NH_2 \xrightarrow{H_2} C_5H_{12} + NH_3$$

六元杂环氮化物中的喹啉是吡啶的苯同系物，加氢脱氮反应如下：

$$\text{喹啉} \xrightarrow{2H_2} \text{四氢喹啉} \xrightarrow{H_2} o\text{-}C_3H_7\text{-}C_6H_4NH_2 \xrightarrow{H_2} C_6H_5\text{-}C_3H_7 + NH_3$$

五元杂环氮化物吡咯的加氢脱氮包括五元环加氢、四氢吡咯 C—N 键断裂以及正丁烷的脱氮。其反应如下：

$$\text{吡咯} \xrightarrow{3H_2} C_4H_9NH_2 \xrightarrow{H_2} C_4H_{10} + NH_3$$

五元杂环氮化物吲哚的加氢脱氮反应大致如下：

$$\text{(indole)} \xrightarrow{6H_2} \text{C}_6\text{H}_{11}\text{-C}_2\text{H}_5 + NH_3$$

五元杂环氮化物咔唑加氢脱氮反应如下:

$$\text{(carbazole)} \xrightarrow{H_2} \text{(diphenylamine)} \xrightarrow{H_2} \text{(biphenyl)} + NH_3$$

$$\xrightarrow{2H_2} \text{(2-butylindoline)} \xrightarrow{2H_2} \text{C}_6\text{H}_5\text{-C}_6\text{H}_{13} + NH_3$$

加氢脱氮反应基本上可分为不饱和系统的加氢和 C—N 键的断裂,有以下规律:

单环化合物的加氢活性顺序为吡啶(280℃)＞吡咯(350℃)≈苯胺(350℃)＞苯类(＞450℃)。由于聚核芳环的存在,含氮杂环的加氢活性提高,且含氮杂环较碳环活泼得多。

从加氢脱氮反应的热力学角度来看,氮化物在一定温度下需要较高的氢分压才能进行加氢脱氮反应,为了脱氮安全,一般采用比脱硫反应更高的压力。

在几种杂环化合物中,含氮化合物的加氢反应最难进行,稳定性最高。当分子结构相似时,三种杂环化合物的加氢稳定性顺序依次为:含氮化合物、含氧化合物、含硫化合物。

3. 加氢脱氧反应

石油馏分中氧化物的含量很小,原油中含有环烷酸、脂肪酸、酯、醚和酚等。在蒸馏过程中这些化合物都发生部分分解转入各馏分中。石油馏分中经常遇到的含氧化合物是环烷酸。含氧化合物的氢解反应,能有效地脱除石油馏分中的氧,达到精制目的。几种含氧化合物的氢解反应如下:

酸类化合物的加氢反应:
$$R-COOH + 3H_2 \longrightarrow R-CH_3 + 2H_2O$$

酮类化合物的加氢反应:
$$R-CO-R' + 3H_2 \longrightarrow R-CH_3 + R'H + H_2O$$

环烷酸和羧酸在加氢条件下进行脱羧基和羧基转化为甲基的反应,环烷酸加氢成为环烷烃。其反应为:

$$R-\text{C}_6\text{H}_{10}-\text{COOH} \xrightarrow{3H_2} R-\text{C}_6\text{H}_{10}-\text{CH}_3 + 2H_2O$$

$$\xrightarrow{3H_2} R-\text{C}_6\text{H}_{11} + CH_4 + 2H_2O$$

苯酚类加氢成芳烃:

$$\text{C}_6\text{H}_5\text{OH} + H_2 \longrightarrow \text{C}_6\text{H}_6 + H_2O$$

呋喃类加氢开环饱和:

$$\text{C}_4\text{H}_4\text{O} + 4H_2 \longrightarrow C_4H_{10} + H_2O$$

在加氢进料中,各种非烃类化合物同时存在。加氢精制反应过程中,脱硫反应最易进行,无须使芳环先饱和就可直接脱硫,故反应速率大而耗氢少。脱氧反应次之,脱氧化合物的脱氧类似于含氮化合物的脱氮,加氢饱和后 C—R 键断裂。脱氮反应发生最难。反应系统中,硫化氢的存在对脱氮反应一般有一定促进作用。在低温下,硫化氢和氮化物的竞争吸附抑制了脱氮反应。在高温条件下,硫化氢的存在提高了催化剂对 C—N 键断裂的催化活性,加快了总的脱氮反应速度。

4. 加氢脱金属反应

金属有机化合物大部分存在于重质石油馏分特别是渣油中。在加氢精制过程中,所有金属有机物都发生氢解,生成的金属沉积在催化剂表面使催化剂减活,导致床层压降上升,沉积在催化剂表面上的金属随反应周期的延长而向床层深处移动。当装置出口的反应物中金属超过规定要求时,即认为一个周期结束。被砷或铅污染的催化剂一般可以保证加氢精制的使用性能,这时决定操作周期的是催化剂床层的堵塞程度。

在石脑油中,有时会含有砷、铅、铜等金属,它们来自原油或储存时加入的添加剂。高温热解的石脑油含有有机硅化物,它们是在加氢精制前面设备用作破沫剂而加入的,分解很快,不能用再生的方法脱除。重质石油馏分和渣油脱沥青油中含有金属镍和钒,分别以镍的卟啉系化合物和钒的卟啉系化合物状态存在,这些大分子在较高氢压下进行一定程度的加氢和氢解,在催化剂表面形成镍和钒的沉积。一般来说,以镍为基础的化合物反应活性比钒络合物要差一些,钒络合物大部分沉积在催化剂的外表面,而镍更多地穿入到颗粒内部。

5. 不饱和烃的加氢饱和反应

直馏石油馏分中,不饱和烃含量很少,二次加工油中含有大量不饱和烃,这些不饱和烃在加氢精制条件下很容易饱和,代表性反应为:

$$R-CH=CH_2 + H_2 \longrightarrow R-CH_2CH_3$$

烯烃饱和反应是放热反应,对不饱和烃含量较高的原料油加氢,要注意控制床层温度,防止超温。加氢反应器都设有冷氢盘,可以靠打冷氢来控制温升。

6. 芳烃加氢饱和反应

原料油中的芳烃加氢,主要是稠环芳烃(萘、蒽、菲系化合物)的加氢,单环芳烃是较难加氢饱和的。如果芳环上带有烷基侧链,芳香环的加氢会变得困难。

以萘和菲的加氢反应为例:

提高反应温度,芳烃加氢转化率下降;提高反应压力,芳烃加氢转化率升高。芳烃加氢是逐环依次进行的加氢饱和,第一个环的饱和较容易,之后加氢难度逐环增大;每个环的加氢反应都是可逆反应,并处于平衡状态;稠环芳烃的加氢深度往往受化学平衡的控制。

加氢精制中各类加氢反应由易到难的程度顺序如下:

C—O、C—S 及 C—N 键的断裂远比 C—C 键断裂容易;脱硫＞脱氧＞脱氮;环烯＞烯≫芳烃;多环＞双环≫单环。

二、加氢裂化反应

加氢裂化就是在催化剂作用下,烃类和非烃类化合物加氢发生转化,烷烃、烯烃进行裂化、异构化和少量环化反应,多环化合物最终转化为单环化合物的反应。加氢裂化采用具有裂化和加氢两种作用的双功能催化剂,因此,加氢裂化实质上是在氢压下进行的催化裂化反应。

加氢裂化过程是在较高压力下,烃类分子与氢气在催化剂表面进行裂解和加氢反应,生成较小分子的过程。同时加氢脱硫、脱氮和不饱和烃的加氢反应也叫加氢裂化。其化学反应包括饱和、还原、裂化和异构化。烃类在加氢条件下的反应方向和深度,取决于烃的组成、催化剂的性能以及操作条件等。在加氢裂化过程中,烃类反应遵循以下规律:提高反应温度会加剧 C—C 键断裂。如果反应温度较高而氢分压不高,也会使 C—H 键断裂,生成烯烃、氢和芳烃。提高反应压力,有利于 C=C 键的饱和;降低反应压力,有利于烷烃进行脱氢反应生成烯烃,烯烃环化生成芳烃。在压力较低而温度又较高时,还会发生缩合反应,直至生成焦炭。加氢裂化催化剂既要有加氢活性中心,又要有酸性中心,这就是双功能催化剂。酸性功能由催化剂的载体(硅铝或沸石)提供,而催化剂的金属组分(铂、钨、钼或镍的氧化物等)提供加氢功能。在加氢过程中采用双功能催化剂,使烃类加氢裂化的结果很大程度上与催化剂的加氢活性和酸性活性以及它们之间的比例关系有关。加氢裂化催化剂分为具有高加氢活性和低酸性,以及低加氢活性和高酸性活性两种。

1. 烷烃、烯烃的加氢裂化反应

烷烃(烯烃)在加氢裂化过程中主要进行裂化、异构化和少量环化的反应。烷烃在高压下加氢反应而生成低分子烷烃,包括原料分子某一处 C—C 键的断裂,以及生成不饱和分子碎片的加氢。反应生成的烯烃先进行异构化,随即被加氢成异构烷烃。以十六烷为例为:

$$C_{16}H_{34} \longrightarrow C_8H_{18} + C_8H_{16} \xrightarrow{H_2} C_8H_{18}$$

烷烃加氢裂化反应的通式为:

$$C_nH_{2n+2} + H_2 \longrightarrow C_mH_{2m+2} + C_{n-m}H_{2(n-m)+2}$$

长链烷烃加氢裂化生成一个烯烃分子和一个短链烷烃分子,烯烃进一步加氢变成相应烷烃。烷烃也可以异构化变成异构烷烃。

烷烃加氢裂化的反应速率随着烷烃分子量的增大而加快。在加氢裂化条件下烷烃的异构化速度也随着分子量的增大而加快。烷烃加氢裂化深度及产品组成,取决于烷烃碳离子的异构、分解和稳定速度以及这三个反应速率的比例关系。改变催化剂的加氢活性和酸性活性的比例关系,就能够使所希望的反应产物达到较佳值。

烯烃加氢裂化是反应生成相应的烷烃或进一步发生环化、裂化、异构化等反应。

2. 环烷烃的加氢裂化反应

单环环烷烃在加氢裂化过程中发生异构化、断环、脱烷基链反应以及不明显的脱氢反应。环烷烃加氢裂化时反应方向因催化剂的加氢和酸性活性的强弱不同而不同,一般先迅速进行异构然后裂化,反应过程如下:

带长侧链的环烷烃,主要反应为断链和异构化,不能进行环化,单环可进一步异构化生成低沸点烷烃和其他烃类,一般不发生脱氢。长侧链单环六元环烷烃在高催化剂上进行加氢裂化时,主要发生断链反应,六元环比较稳定,很少发生断环。短侧链单环六元环烷烃在高酸性催化剂上加氢裂化时,直接断环和断链的分解产物很少,主要产物是环戊烷衍生物的分解产物,而这些环戊烷是由环己烷异构化生成的。

双环环烷烃在加氢裂化时,首先发生一个环的异构化生成五元环衍生物,而后断环,双环是依次开环的。首先一个环断开并进行异构化,生成环戊烷衍生物,当反应继续进行时,第二个环也发生断裂。

多元环在加氢裂化反应中环数逐渐减少,即首先第一个环加氢饱和而后开环,然后第二个环加氢饱和再开环,到最后剩下单环就不再开环。是否保留双环,则取决于裂解深度。裂化产物中单环及双环的饱和程度,主要取决于反应压力和温度,压力越高、温度越低,则双环芳烃越少。

3. 芳香烃的加氢裂化反应

在加氢裂化的条件下发生芳香环的加氢饱和而成为环烷烃。苯环是很稳定的,不易开环,一般认为苯在加氢条件下的反应包括以下过程:苯加氢,生成六元环烷发生异构化,五元环开环和侧链断开。其反应式如下:

$$\bigcirc + 3H_2 \longrightarrow \bigcirc \longrightarrow \bigcirc\!\!-\!CH_3 + H_2 \longrightarrow \begin{array}{l} CH_3CH_2CH_2CH_2CH_3 \\ CH_3CH_2-CH-CH_2CH_3 \\ |\\ CH_3 \\ CH_3-CH-CH_2-CH_3 \\ |\\ CH_3 \end{array}$$

烷基苯的加氢裂化反应是先裂化后异构，带有长侧链的单环芳烃断侧链去掉烷基，也可以进行环化生成双环化合物。

稠环芳烃部分饱和并开环及加氢而生成单环或双环芳烃及环烷烃，只有极少量稠环芳烃在循环油中积累。稠环芳烃主要发生氢解反应，生成相应的带侧链单环芳烃，也可进一步断侧链。它的加氢和断环是逐次进行的，具有逐环饱和、开环的特点。稠环芳烃第一个环加氢较易，全部芳烃加氢很困难，第一个环加氢后继续进行断环反应相对要容易得多。所以稠环芳烃加氢的有利途径是：一个芳烃环加氢，接着产生的环烷发生断环（或经过异构化成五元环），再进行第二个环的加氢。芳香烃上有烷基侧链存在会使芳烃加氢变得困难。以萘为例，其加氢裂化反应如下：

$$\text{萘} \xrightarrow{2H_2} \bigcirc\!\!-\!C_4H_9$$

根据加氢反应的基本原理可归纳出加氢裂化的特点：加氢裂化产物中硫、氮和烯烃含量极低；烷烃裂解的同时深度异构，因此加氢裂化产物中异构烷烃含量高；裂解气体以 C_4 为主，干气较少，异丁烷与正丁烷的比例可达到，甚至超过热力学平衡值；稠环芳烃可深度转化而进入裂解产物中，所以绝大部分芳烃不在未转化原料中积累；改变催化剂的性能和反应条件，可控制裂解的深度和选择性；加氢裂化耗氢量很高，甚至可达 4%；加氢裂化需要有较高的反应压力。

三、加氢催化剂

烃类加氢反应是一个复杂的反应体系，各反应直接相互影响。为了提高各种油品的反应速率和产品的收率，需要开发相应的加氢催化剂。根据加氢反应的侧重点不同，加氢催化剂分为加氢处理催化剂和加氢裂化催化剂。

(一)加氢处理催化剂

1. 加氢处理催化剂的种类

加氢处理催化剂的种类很多,目前广泛采用的有:以氧化铝为载体的钼酸钴($Co-Mo/\gamma-Al_2O_3$),以氧化铝为载体的钼酸镍($Ni-Mo/\gamma-Al_2O_3$),以氧化铝为载体的钴钼镍($Mo-Co-Ni/\gamma-Al_2O_3$),以氧化铝为载体的钼酸镍($Ni-Mo/\gamma-Al_2O_3$),以及后来开发的 $Ni-W$ 系列等。它们对各类反应的活性顺序为:

加氢饱和:Pt、$Pd>Ni>W-Ni>Mo-Ni>Mo-Co>W-Co$。

加氢脱硫:$Mo-Co>Mo-Ni>W-Ni>W-Co$。

加氢脱氮:$W-Ni>Mo-Ni>Mo-Co>W-Co$。

2. 加氢处理催化剂的使用要求

加氢活性主要取决于金属的种类、含量、化合物状态及在载体表面的分散度等,加氢处理催化剂特点如下。

①使用前需进行预硫化处理,以提高催化剂的活性,延长其使用寿命。

②使用一段时间后进行再生处理,在严格控制的再生条件下,烧去催化剂表面沉积的焦炭。

(二)加氢裂化催化剂

加氢裂化催化剂属于双功能催化剂,即催化剂由具有加(脱)氢功能的金属组分和具有裂化功能的酸性载体两部分组成。根据不同的原料和产品要求,对这两种组分的功能进行适当选择和匹配。

在加氢裂化催化剂中,加氢组分的作用为使原料油中的芳烃,尤其是多环芳烃加氢饱和;使烯烃,主要是反应生成的烯烃迅速加氢饱和,防止不饱和烃分子吸附在催化剂表面上,生成焦状缩合物而降低催化活性。因此,加氢裂化催化剂可以维持长期运转,不像催化裂化催化剂那样需要经常烧焦再生。

1. 加氢裂化催化剂的种类

工业上使用的加氢裂化催化剂按化学组成,大体可分为以下三种。

(1)以无定形硅酸铝为载体,以非贵金属镍、钨、钼(Ni、W、Mo)为加氢活性组分的催化剂。

(2)以硅酸铝为载体,以贵金属铂、钯(Pt、Pd)为加氢活性组分的催化剂。

(3)以沸石和硅酸铝为载体,以镍、钨、钼、钴或钯为加氢活性组分的催化剂。以沸石为载体的加氢裂化催化剂是一种新型催化剂,特点是具有较多的酸性中心。铂和钯虽然活性高,但对硫杂质的敏感性强,只在两段加氢裂化过程中使用。

2. 加氢裂化催化剂的使用要求

加氢裂化催化剂使用性能的四项指标分别是活性、选择性、稳定性和机械强度。

(1)活性。催化剂活性指促进化学反应进行的能力,通常用在一定条件下原料达到的转化率来表示。提高催化剂的活性,在维持一定转化率的前提下,可缓和加氢裂化的操作条件。随着使用时间的延长,催化剂活性会有所降低,一般用提高温度的办法来维持一定的转化率。因此,也可用初期的反应温度来表示催化剂的活性。

(2)选择性。加氢裂化催化剂的选择性可用目的产品产率和非目的产品产率之比来表示。提高选择性,可获得更多的目的产品。

(3)稳定性。催化剂的稳定性表示运转周期和使用期限,通常以在规定时间内维持催化剂活性和选择性所必须升高的反应温度表示。

(4)机械强度。催化剂必须具有一定的强度,以避免在装卸和使用过程中粉碎,引起管线堵塞、床层压降增大而造成事故。

3. 加氢裂化催化剂的预硫化与再生

(1)预硫化。加氢催化剂的钨、钼、镍、钴等金属组分,使用前都以氧化物形态存在。生产经验与理论研究证明,加氢催化剂的金属活性组分只有呈硫化物形态时才具有较高的活性。因此,加氢裂化催化剂在使用之前必须进行预硫化,即在含硫化氢的氢气流中使金属氧化物转化为硫化物。

(2)再生。加氢裂化反应过程中,催化剂活性总是随着反应时间的增长而逐渐衰退,催化剂表面被积炭覆盖是降活的主要原因。为了恢复催化剂活性,一般用烧焦的方法进行催化剂再生。

第二节　催化加氢工艺流程

一、加氢处理装置

加氢处理的工艺过程多种多样，按加工原料的轻重和目的产品的不同，可分为两个主要工艺，一是馏分油（汽油、煤油、柴油和润滑油等）加氢精制，二是渣油的加氢处理。

加氢处理的工艺流程虽因原料和加工目的不同而有所区别，但其化学反应的基本原理是相同的。加氢处理典型工艺流程如图 8-1 所示，工艺流程一般包括反应系统，生成油换热、冷却、分离系统和循环氢系统三部分。精制所用的氢气大多为催化重整的副产氢气或另建有制氢装置。

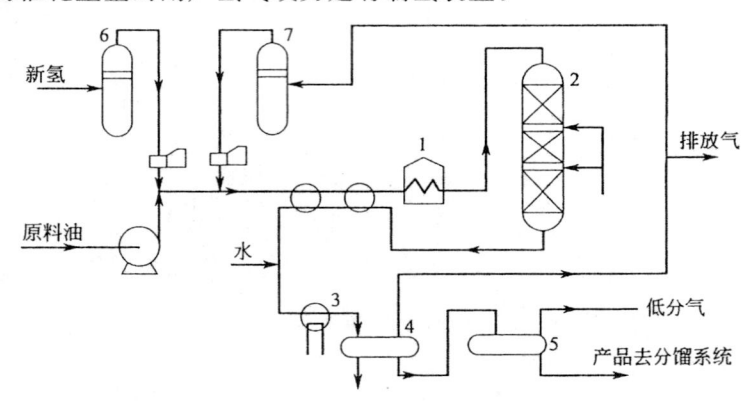

图 8-1　馏分油加氢处理典型工艺流程图
1—加热炉；2—反应器；3—冷却器；4—高压分离器；
5—低压分离器；6—新氢储罐；7—循环氢储罐

原料油与新氢、循环氢混合，与反应产物换热后，加热到一定温度进入反应器，反应器进料可能是气相（精制汽油时），也可能是气液混相（精制柴油或更重的馏分油时），反应器内部设有专门的进料分布器。反应器内的催化剂一般是分层填装利于注冷氢来控制反应温度。原料油和循环氢通过每段催化剂床层进行加氢反应。加氢精制反应器依原料油的性质可以是一个（一段加氢法），也可以是两个（两段加氢法）。

从高压分离器分出的循环氢经储罐及压缩机后，大部分（约 70%）送去与原料油混合,小部分(即其余部分)不经加热直接送入反应器作冷氢,在装置中循环使用。为了保证循环氢的纯度,避免硫化氢在系统中积累,常用硫化氢回收系统,一般用乙醇胺吸收除去硫化氢,富液再生循环使用,解吸出来的硫化氢送到制硫装置,净化后的氢气循环使用。

1. 汽、柴油加氢处理

催化裂化、焦炭化等二次加工装置得到的产品含有相当多的硫、氮、氧及烯烃类物质,这些杂质在油品储存过程中极不稳定,胶质增加很快,颜色急剧加深,严重影响油品的储存安定性和燃烧性能。因此,二次加工油品,必须经过加氢精制,除去硫、氮、氧化合物和不稳定物质(如烯烃),获取安定性和质量都较好的优质产品。对直馏柴油而言,由于原油中硫含量升高、环保法规日趋严格,市场对柴油品质的要求也越来越高,已经不能直接作为产品出厂,也需要经过加氢精制处理。

柴油中含有的硫化物使油品燃烧性能变差、气缸积炭增加、机械磨损加剧、腐蚀设备和污染大气,在与二烯烃同时存在时,还会生成胶质。硫醇是氧化引发剂,生成的磺酸与金属作用而腐蚀储罐,硫醇也能直接与金属反应生成亚硫酸盐,进一步促使油品氧化变质。柴油中的氮化物,如二甲基吡啶及烷基胺类等碱性氮化物,会使油品颜色和安定性变差,当与硫醇共存时,会促进硫醇的氧化和酸性过氧化物的分解,使油品颜色和安定性变差。硫醇的氧化物磺酸与吡咯缩合生成沉淀。

汽、柴油加氢装置工艺流程与图 8-1 流程类似。焦化汽油、柴油或常减压装置来的直馏柴油混合后通过原料油过滤器进行过滤,除去原料中大于 $25\ \mu m$ 的颗粒后进入原料油缓冲罐。从原料油缓冲罐出来的原料油经加氢进料泵升压,换热器与精制柴油换热后,在流量控制下,与混合氢混合作为混合进料。为减少和防止后续管线和设备结垢,在原料油罐和原料油泵入口管线之间注入阻垢剂。

混合进料进入反应进料加热炉加热至反应所需温度,再进入加氢精制反应器,在催化剂作用下进行脱硫、脱氮、烯烃饱和、芳烃饱和等反应。反应器入口温度通过调节加热炉燃料气量控制,该反应器设置两个催化剂床层,床层间设有注急冷氢设施。

来自反应器的反应流出物,经进料换热器换热后进入热高压分离器闪蒸。顶部出来的热高分气体经热高分换热器换热后,再经热高分气空冷器冷却后进入冷高压分离器。为了防止反应流出物中的铵盐在低温部位析出,通过注水泵将脱盐水注入热高分气空冷器上游侧的管道中。冷却后的热高分气在冷高压分离器中进行油、气、水三相分离。自冷高压分离器顶部出来的循环氢经循环氢脱硫塔入口分液罐分液后,进入循环氢脱硫塔底部。自贫溶剂缓冲罐来的贫溶剂,经循环氢脱硫塔贫溶剂泵升压后进入循环氢脱硫塔顶部。脱硫后的循环氢自循环氢脱硫塔塔顶出来,经循环氢压缩机入口分液罐分液后进入循环氢压缩机升压,然后分成两路,一路作为急冷氢去反应器控制反应器床层温升,另一路与来自新氢压缩机出口的新氢混合成为混合氢。

2. 渣油加氢处理

渣油加氢作为重油加工的重要手段,在整个炼厂的加工工艺中有着十分重要的地位。RDS/FCC 工艺作为现代炼油厂重油加工的重要工艺,在优化原油加工流程,提高整个企业的效益,推动炼油行业的技术进步等方面有着十分重要的意义。

其一,作为重油深度转化的工艺,它不仅本身可转化为轻油,还可以与催化裂化工艺组合,使全部渣油轻质化,使炼厂获得最高的轻油收率。

其二,作为一种加氢工艺,它在提高产品质量、减少污染、改善环境方面具有其他加工工艺不可替代的优势,并且可生产优质的催化裂化原料,也为催化裂化生产清洁汽油创造了条件。

渣油加氢处理技术是在高温、高压和催化剂存在的条件下,使渣油和氢气进行催化反应,渣油分子中硫、氮和金属等有害杂质,分别与氢和硫化氢发生反应,生成硫化氢、氨和金属硫化物。同时,渣油中部分较大的分子裂解并加氢,变成分子较小的理想组分,反应生成的金属硫化物沉积在催化剂上,硫化氢和氨可回收利用而不排放到大气中,对环境不造成污染。加氢处理后的渣油质量得到明显改善,可直接用于催化、裂化工艺,将其全部转化成市场急需的汽油和柴油,从而做到了"吃干榨尽",提高了资源的利用率和经济效益。

渣油加氢主要有固定床、移动床、沸腾床及悬浮床等不同的反应器。工业上采用固定床反应器居多,下面以固定床渣油反应过程为例说明其工艺特点。

渣油加氢处理工艺的流程如图 8-2 所示。

已过滤的原料在换热器内首先与由反应器来的热产物进行换热,然后进入炉内,使温度达到反应温度。一般在原料进入炉前将循环氢气与原料混合。此外,还要补充新鲜氢。由炉出来的原料进入串联的反应器。反应器内装有固定床催化剂。大多数情况是采用液流下行式通过催化剂床层。催化剂床层可以是一个或数个,床层间设有分配器,通过这些分配器将原料中的微量金属也同时被脱除,反应生成物经换热、冷却后进入第一段高压分离器,分出循环氢。生成油进入汽提塔,脱去 NH_3 和 H_2S 后作为第二段进料。在汽提塔中用氢气吹掉溶解气、氨和硫化氢。第二段进料与循环氢混合后进入第二段加热炉,加热至反应温度,在装有高酸性催化剂的第二段加氢反应器内进行加氢、裂解和异构化等反应。反应生成物经换热、冷却、分离,分出循环氢和溶解气后送至稳定分馏系统。两段加氢裂化工艺流程如图 8-3 所示。

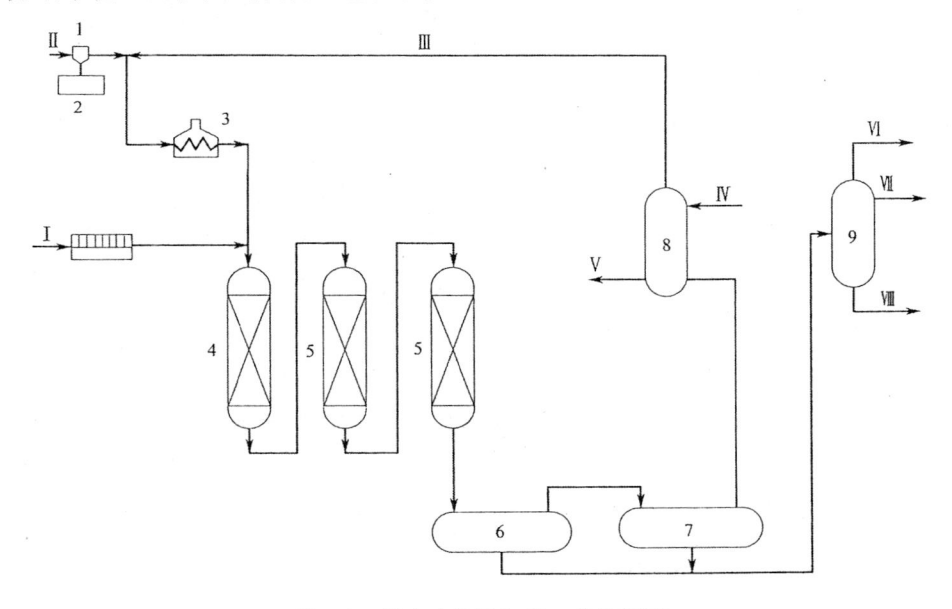

图 8-2 固定床渣油加氢工艺流程图

1—过滤器;2—压缩机;3—管式炉;4—脱金属反应器;5—脱硫反应器;
6—高压分离器;7—低压分离器;8—吸收塔;9—分馏塔物流
Ⅰ—新鲜原料;Ⅱ—新鲜氢;Ⅲ—循环氢;Ⅳ—再生胺溶液;Ⅴ—饱和胺溶液;
Ⅵ—燃料气和宽馏分汽油;Ⅶ—中间馏分油;Ⅷ—宽馏分渣油

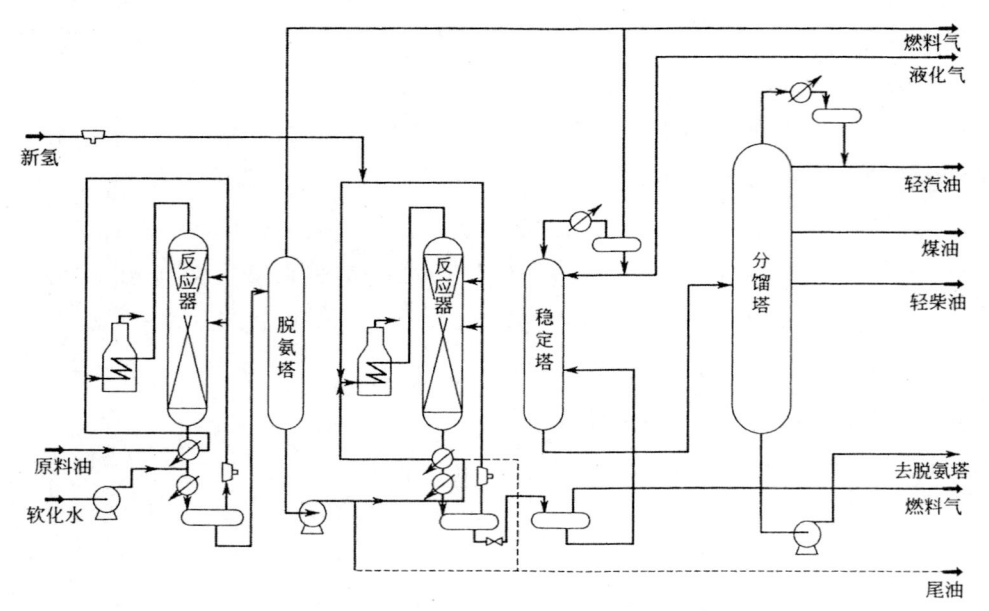

图 8-3　两段加氢裂化工艺流程示意图

两段加氢裂化有两种操作方案:一种是第一段加氢精制,第二段加氢裂化;另一种是第一段除进行精制外还进行部分加氢裂化,第二段进行加氢裂化。后者的特点是第一段和第二段生成油一起进入稳定分馏系统,分出的尾油可作为第二段进料。

采用第二种方案时,汽油、煤油和柴油的收率都有所增大,而尾油明显减少。这主要是因为第二种方案裂化深度较大。从产品的主要性能来看,两种方案并无明显差别。

3. 串联加氢裂化工艺流程

串联流程是两段流程的发展,其主要特点为使用了抗硫化氢、抗氨的催化剂,而取消了两段流程中的汽提塔(即脱氨塔),使加氢精制和加氢裂化两个反应器直接串联起来,省掉了一整套换热、加热、加压、冷却、减压和分离设备,其工艺流程如图 8-4 所示。

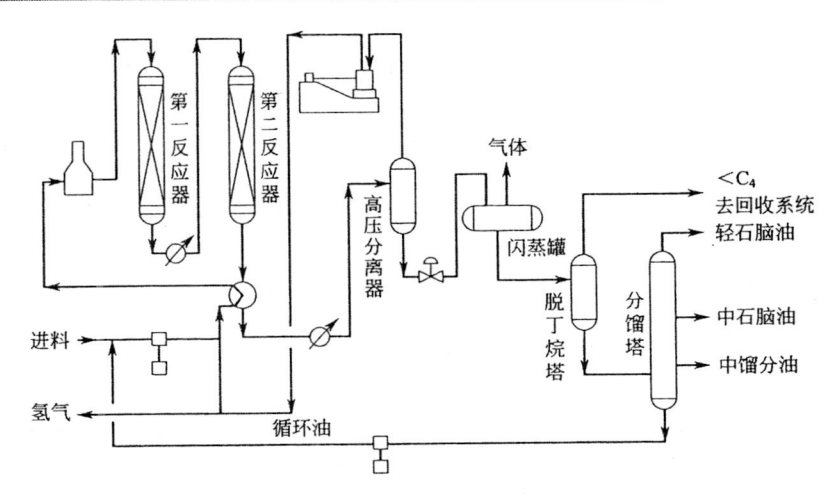

图 8-4　串联加氢裂化工艺流程示意图

二、沸腾床加氢裂化

沸腾床(又称膨胀床)工艺是借助于流体流速带动具有一定颗粒度的催化剂运动,形成气、液、固三相床层,从而使氢气、原料油和催化剂充分接触而完成加氢反应过程。控制流体流速,维持催化剂床层膨胀到一定高度,形成明显的床层界面,液体与催化剂呈返混状态。反应产物与气体从反应器顶部排出。运转期间定期从顶部补充催化剂,下部定期排出部分催化剂,以维持较好的活性。

沸腾床工艺可以处理金属含量和残炭值较高的原料(如减压渣油),并可使重油深度转化,但反应温度较高,一般在 400~450℃。反应器中液体处于返混状态,有利于控制温度均衡平稳。

沸腾床加氢裂化,工艺比较复杂,国内尚未工业化。图 8-5 是沸腾床渣油加氢裂化流程示意图。

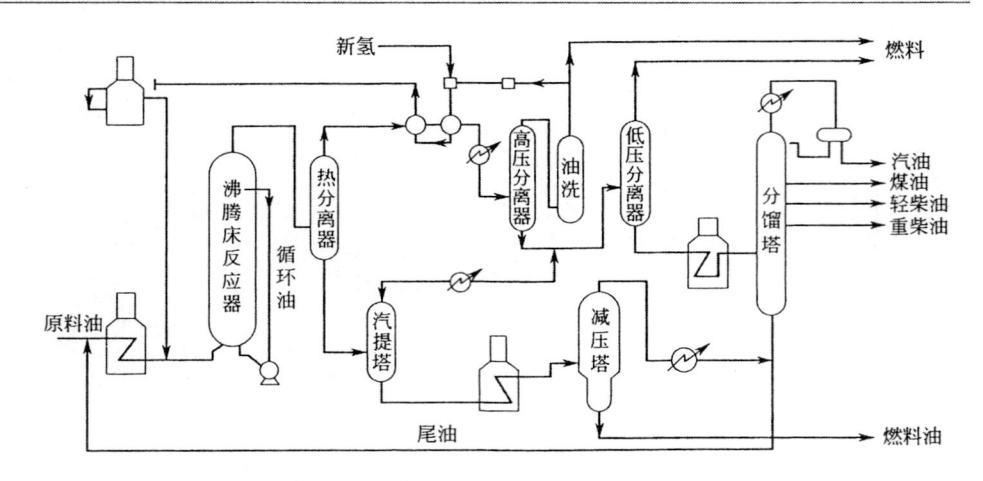

图 8-5　沸腾床渣油加氢裂化工艺流程

三、悬浮床加氢工艺

悬浮床(浆液床)工艺是使非常劣质的原料得到重新利用的一种加氢工艺。其原理与沸腾床相类似,基本流程是以细粉状催化剂与原料预先混合,再与氢气一同进入反应器自下而上流动,催化剂悬浮于液相中,进行加氢裂化反应,催化剂随着反应产物一起从反应器顶部流出。

20 世纪 80 年代,悬浮床加氢裂化曾得到迅速发展,典型的悬浮床加氢工艺有 Canment 过程、VCC 过程、COC 过程、SOC 过程等,以 Canment 过程为例,概括这类工艺的特点。1985 年在加拿大蒙特利尔炼油厂建成一套 250 kt/a 的工业示范装置并实现长周期运转。该工艺技术有以下特点。

① 催化剂(添加物)费用低,操作灵活性大。
② 操作压力低(13.6 MPa),比常规加氢裂化压力低 66%。
③ 转化率高,如沥青质转化率大于 90%。
④ 能加工各种重质原油和普通原油渣油,但装置投资大。

这一工艺目前在国内尚处于研究开发阶段。中国石油大学(华东)、抚顺石油化工科学研究院多年来致力于悬浮床加氢工艺及相关催化剂的开发研究,并取得了突破性进展。中国石油大学(华东)为主开发的重油悬浮床加氢技术目前已进入工业试验阶段。

第九章 催化重整加工

第一节 概 述

一、催化重整在石油加工中的地位

重整是指烃类分子重新排列成新的分子结构。在催化剂的作用下对汽油馏分进行分子重新排列的过程叫做催化重整。催化重整以汽油（主要是直馏汽油）为原料，用来生产高辛烷值汽油或苯、甲苯、二甲苯等化工原料，同时也生产一定的氢气。

在催化重整过程中，发生的环烷脱氢、烷烃环化脱氢等生成芳烃的反应以及烃类异构、加氢裂化等反应都有利于汽油辛烷值的提高。重整汽油的辛烷值（研究法）一般在 90 以上，且烯烃含量少、安定性好，不加铅可做车用汽油也是航空汽油基础组分。在重整生成油中，苯、甲苯、二甲苯及较大分子的芳烃含量很高，它们是现代石油化工中三大合成产品（合成纤维、合成塑料和合成橡胶）的基本原料，还是医药、洗涤剂、溶剂、涂料等工业的基础原料，甲苯还是制取炸药的重要原料。在重整反应过程中，还能生产重要的副产品——纯度很高的氢气，一般每吨原料油可产氢气 20～30 kg（约 150～300 m^3）。大量的氢气可直接用于加氢精制、加氢裂化。随着石油化工和加氢工艺的发展，汽油辛烷值要求的不断提高，催化重整在炼油工业和石油化工中的地位不断提高。

二、催化重整的发展

催化重整工艺技术的发展与重整催化剂的发展紧密相联。从重整催化剂的发展过程来看，大体上经历了三个阶段。

1. 第一阶段（1940～1949 年）

1940 年美国建成了第一套用氧化钼—氧化铝做催化剂的催化重整装置，后来又有用氧化铬—氧化铝做催化剂的工业装置。这些过程也称铬重整（钼重整或临氢重整），所得汽油的辛烷值在 80 左右，安定性较好，汽油收率较高，在第二次世界大战期间得到很快发展。但钼（或铬）催化剂的活性不高，且易结焦失活，反应期短、处理量小、操作费用大，第二次世界大战以后，此类催化剂已停止了发展。

2. 第二阶段（1949～1967 年）

1949 年美国环球油公司开发了铂催化剂，使催化重整得到了迅速发展。铂催化剂具有比氧化钼催化剂更高的活性，可以在比较缓和的条件下进行反应，得到辛烷值较高的汽油。使用固定床反应器时，可连续生产 1 年以上而不需要再生，所得汽油收率约 90%，辛烷值达 90 以上，安定性也好。在铂重整生成油中含 30%～70% 的芳烃，所以也是生产芳烃的重要来源。

3. 第三阶段（1967 年至今）

1967 年开始出现铂—铼双金属重整催化剂，此后又出现了多金属催化剂。铂—铼催化剂的突出优点是容炭能力强，有较高的稳定性，可以在较高的温度和较低的氢分压下操作而保持良好的活性。多金属催化剂的发展促进了催化重整工艺的不断提高，连续重整工艺正在逐渐取代半再生式、循环再生式工艺。

目前，催化重整与催化裂化、催化加氢一起已成为炼油过程中三个最重要的催化加工过程。

三、催化重整的流程

以生产芳烃为目的的催化重整装置由四部分组成，即原料预处理、催化重整、溶剂抽提和芳烃精馏。如不生产芳烃，则只需原料预处理及催化重整两部分。图 9-1 是以生产高辛烷值汽油为目的的铂—铼重整工艺原理流程。

1. 原料预处理

原料的预处理包括原料的预分馏、预脱砷、预加氢三部分，其目的是得到馏分范围、杂质含量都合乎要求的重整原料。为了保护价格昂贵的重整催化剂，对原料中的杂质含量有严格的要求。

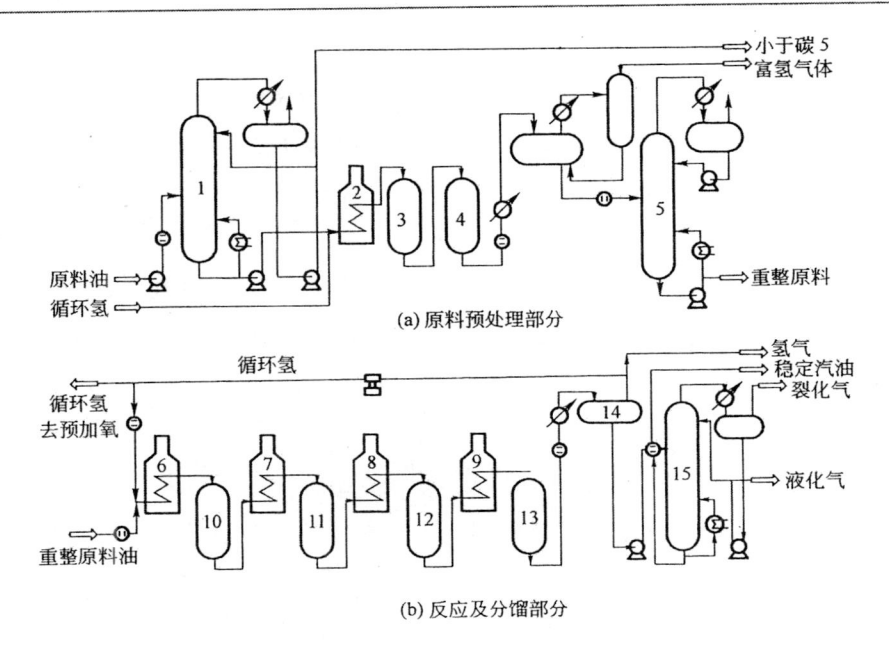

图 9-1 铂—铼重整工艺原理流程

1—预分馏塔；2—预加氢加热炉；3,4—预加氢反应器；5—脱水塔；6,7,8,9—加热炉；
10,11,12,13—重整反应器；14—高压分离器；15—稳定塔

(1)预分馏。预分馏的作用是切取合适沸程的重整原料。在多数情况下，进入重整装置的原料是原油常压蒸馏塔塔顶小于180℃(生产高辛烷值汽油时)或小于130℃(生产轻芳烃时)的汽油馏分。在预分馏塔,切去小于80℃或小于60℃的轻馏分,同时也脱去原料油中的部分水分。

(2)预加氢。预加氢的作用是脱除原料油中对催化剂有害的杂质,同时也使烯烃饱和以减少催化剂的积炭。预加氢催化剂一般采用钼酸钴、钼酸镍催化剂,也有用复合的 W—Ni—Co 催化剂。典型的预加氢反应条件为:压力 2.0~2.5 MPa；氢油比(体)为 100~200；空速 4~10 h^{-1}；氢分压约 1.6 MPa。若原料的含氮量较高,则需提高反应压力。当原料油的含砷量较高时,则需按催化剂的容砷能力和要求使用的时间来计算催化剂的装入量,并适当降低空速；也可以在预分馏之前预先进行吸附法或化学氧化法脱砷。吸附法脱砷比较简单,所用吸附剂是浸渍有硫酸铜的硅铝小球,吸附在常温下进行。

预加氢反应生成物经换热、冷却后进入高压分离器。分离出的富氢气体可用于加氢精制装置。分离出的液体油中溶解有少量 H_2O、NH_3、H_2S 等,因此进

入脱水塔进行脱水去除。重整原料油要求的含水量很低,一般的汽提塔难以达到,故采用蒸馏脱水法。这里的脱水塔实质上是一个蒸馏塔。塔顶产物是水和少量轻烃的混合物,经冷凝冷却后在分离器中油水分层,再分别引出。如果有必要进一步降低硫含量,可以将预加氢生成油再经装有氧化锌吸附剂的脱硫器。

(3)预脱砷。砷不仅是重整催化剂中危害最大的毒物,也是各种预加氢精制催化剂的毒物。因此,必须在预加氢前把砷含量降到较低程度。重整反应原料含砷量要求在1×10^{-3} μg/g以下。如果原料油的含砷量小于0.1 μg/g,可不经过单独脱砷,经过预加氢就可符合要求。

目前,工业上使用的预脱砷方法有三种:吸附法、氧化法和加氢法。

①吸附法。吸附法是采用吸附剂将原料油中的砷化合物吸附在脱砷剂上而被脱除。常用的脱砷剂是浸渍有5%～10%硫酸铜的硅铝小球。

②氧化法。氧化法是采用氧化剂与原料油混合在反应器中进行氧化反应,砷化合物被氧化后经蒸馏或水洗除去。常用的氧化剂是过氧化氢异丙苯,也有用高锰酸钾的。

③加氢法。加氢法是采用加氢预脱砷反应器和预加氢精制反应器串联,两个反应器的反应温度、压力及氢油比基本相同。预脱砷所用的催化剂是四钼酸镍加氢精制催化剂。

2. 重整反应

经预处理的原料油与循环氢混合,再经换热、加热后进入重整反应器。重整反应是强吸反应,反应时温度下降。为了维持较高的反应温度,一般重整反应器有3～4个反应器串联,反应器之间有加热炉加热到所需的反应温度。各个反应器的催化剂装入量并不相同,其间有一个合适的比例,一般是前面的反应器内装入量较小,后面的反应器装入量较大。反应器入口温度一般为480～520℃,第一个反应器的入口温度低些,后面的反应器的入口温度较高些。在使用新鲜催化剂时,反应器入口温度较低,随着生产周期的延长,催化剂活性逐渐下降,入口温度也相应逐渐提高。对铂—铼重整,其他的反应条件为:空速1.5～2 h^{-1}、氢油比(体)约1200、压力为1.5～2 MPa。对连续再生重整装置的重整反应器,反应压力和氢油比都有所降低,其压力为1.5～0.35 MPa、氢油分子比为3～5,甚至降到1。

由最后一个反应器出来的反应产物经换热、冷却后进入高压分离器,分出的气体含氢为85%～95%(体积分数),经循环氢压缩机升压后,大部分作循环氢使用,少部分去预处理部分。分离出的重整生成油进入稳定塔,塔顶分出液态烃,塔底产品为满足蒸汽压要求的稳定汽油。

对于采用固定床反应器的重整装置,其工艺流程基本相同,只是局部上有所差异。对连续再生重整装置,其反应器和再生器是分开的,且采用移动床,因此其重整反应部分的流程与上述流程有较大差异。

第二节 催化重整的化学反应

一、催化重整化学反应类型

催化重整的目的是制取芳烃或提高汽油的辛烷值。为此,必须了解重整过程中在一定条件下,原料在催化剂上发生的化学反应。

1. 芳构化反应

① 六元环烷脱氢反应

$$\text{环己烷} \longrightarrow \text{苯} + 3H_2$$

② 五元环烷烃异构脱氢反应

$$\text{1,2-二甲基戊烷} \longrightarrow \text{甲基环己烷} \longrightarrow \text{甲苯} + 3H_2$$

③ 烷烃环化脱氢反应

$$C_8H_{18} \longrightarrow \text{1,2-二甲基环己烷} + H_2 \longrightarrow \text{邻-二甲苯} + 3H_2$$

辛烷

2. 异构化反应

正构烷烃在铂重整条件下也可异构化生成异构烷烃,例如:

$$C_7H_{16} \longrightarrow CH_3-\underset{\underset{CH_3}{|}}{\overset{\overset{CH_3}{|}}{C}}-CH_2-CH_2-CH_3$$

庚烷　　2,2-二甲基戊烷

3. 加氢裂化反应

加氢裂化反应式如下：

$$C_6H_{14} + H_2 \longrightarrow CH_4 + C_5H_{12}$$
$$\text{己烷} \qquad\qquad\qquad \text{戊烷}$$

除上述主要反应外，还有烯烃的饱和以及缩合生焦等反应，生成的焦炭吸附在催化剂表面会降低催化剂的活性，因此希望这类反应越少越好。

上述几种反应，除了加氢裂化反应在没有催化剂条件下可以大量发生外，其余反应是不易进行的，即使发生也是非常慢的，只有在催化剂的条件下才能进行。芳构化反应、异构化反应是人们所需要的反应，芳烃具有较高的辛烷值，所以无论目的产物是芳烃或是高辛烷值汽油，这些反应都是有利的，尤其是正构烷烃的脱氢环化反应会使辛烷值大幅度提高。

二、催化重整反应的热力学和动力学分析

在催化重整条件下，六元环烷脱氢反应的速度快，是生成芳烃及氢气的主要反应，也是催化重整过程中重要的反应。其反应过程是强吸热过程，而且平衡常数较大，当反应温度大于450℃、反应压力低于2.0 MPa时，六元环烷几乎可以全部脱氢转化为芳烃。

在催化重整条件下，原料中碳原子数不小于6的五元环烷烃可以发生异构化反应，转化为六元环烷烃，而六元环烷烃可以进一步脱氢转化为芳烃。其反应速度比六元环烷脱氢反应慢，是轻度放热反应。随着反应温度的提高，反应平衡常数会显著减小。五元环烷烃在直馏重整原料中占有相当大的比例，因此，如何提高这一类反应的反应速度，将大于C_6的五元环烷烃转化为芳烃是提高芳烃产率的重要途径。

在催化重整条件下，原料中的碳原子数不小于6的烷烃可以发生脱氢环化反应，转化为芳烃。但烷烃环化脱氢的速度很慢，为强吸热反应，在较高的反应温度下平衡转化率是比较高的。由于该反应为分子数增加的反应，低压对其有利。从生产芳烃的角度看，大于C_6的正构烷烃异构化不能直接生成芳烃，而异构化生成的异构烷烃比原来的结构更易于环化生成芳烃。从生产高辛烷值汽油的角度看，异构烷烃的辛烷值高。

在催化重整条件下，烷烃、环烷烃及带侧链的芳烃都可以发生氢解及加氢

裂化反应,这两类反应都是中等强度的放热反应。反应过程中生成较小分子烃,使液体产率降低,并消耗氢气。因此,在以生产高辛烷值汽油为目的时,对加氢裂化反应应该适当控制,但在以生产芳烃为主要目的时,应该抑制此反应。

对 C_6 和 C_7 环戊烷,异构化反应速率分别是正己烷脱氢环化反应速率的 10 倍和 13 倍,开环裂化反应速率分别是正己烷脱氢环化反应速率的 5 倍和 3 倍;对于 C_6 和 C_7 环己烷,它们的脱氢反应速率分别是正己烷脱氢环化反应速率的 100 倍和 120 倍;对于 C_6 和 C_7 直链烷烃,异构化反应速率分别是正己烷脱氢环化反应速率的 10 倍和 13 倍,加氢裂化反应速率分别是正己烷脱氢环化反应速率的 3 倍和 4 倍。

同时,还可以看出,烷烃生成芳烃的反应速率是很低的,在催化重整条件下,主要发生异构化反应,并伴随加氢裂化反应。烷基环戊烷异构化反应速率大于开环裂化反应速率,因此转化为芳烃的比例较大;烷基环己烷脱氢转化为芳烃的反应速率快,几乎可以定量地转化为芳烃。

◆ 三、催化重整反应的主要影响因素

对于催化重整过程,除了催化剂的性能以外,主要的影响因素是反应温度、反应压力、空速、氢油比。

1. 反应温度

工业重整反应器入口温度多采用 480~530℃。一般来说,用单铂催化剂时的反应温度要低一些,而用铂—铼、铂—锡等催化剂时则反应温度要高一些。

催化重整采用多个串联的绝热反应器,这就提出了一个反应器入口温度分布问题。实际上各个反应器内的反应情况是不一样的,如环烷脱氢反应主要是在前面的反应器内进行,而反应速度较低的加氢裂化反应则延续到后面的反应器。因此,应当根据各个反应器的反应情况分别采用不同的反应条件。在反应器入口温度的分布上有过几种不同的做法,由前往后逐个递降,由前往后逐个递增或几个反应器的入口温度都相同。近年来,多数重整装置趋向于采用前面反应器的温度较低、后面的反应器的温度较高的方案。

2. 反应压力

降低反应压力对生成芳烃的环烷脱氢、烷烃环化脱氢反应都有利,对加氢裂解反应不利。因此,从增加芳烃产率来看,希望采用较低的反应压力。但是

在低压下催化剂表面容易积炭,催化剂的运转周期缩短。

实际生产中反应压力的高低取决于原料的性质和催化剂的抗积炭能力。通常原料中芳烃潜含量越低(烷烃含量越高)、原料越重越容易生焦,因此要采用较高的反应压力。铂—铼等双金属及多金属催化剂有较高的稳定性和容焦能力,可以采用较低的反应压力。半再生式铂重整采用 2~3 MPa 的反应压力,半再生式铂—铼重整一般采用 1.8 MPa 左右的反应压力。连续再生式重整装置的压力可低至约 0.8 MPa,新一代的连续再生式重整装置的压力以降低到 0.35 MPa。

3. 空速

空速反映了反应时间的长短。空速的选择要考虑到原料的性质。重整过程中不同烃类发生不同类型反应的速度是不同的,对于环烷基原料,一般采用较高的空速,而对于烷基原料则采用较低的空速。但采用多大的空速,主要取决于催化剂的活性水平,只有催化剂具有足够的活性时才能提高空速。铂重整装置采用的空速一般是 3 h^{-1},铂—铼重整装置采用的空速为 1.5~2 h^{-1}。

空速和温度在一定范围内是可以互相补偿的两个变数,如加大空速后可用提高温度的办法来保持同样的芳烃转化率,也就是靠加快反应速度来补偿反应时间的缩短。

4. 氢油比

所谓氢油比是指标准状态(273 K、101.3 kPa)时氢气流量与进料量之比值。氢油比表示有两种方法:一是氢油摩尔比,即进入重整反应器的循环氢中氢气千摩尔数与重整原料油千摩尔数之比;二是氢油体积比,即进入重整反应器循环氢与重整原料油的体积比。

在催化重整中,使用循环氢的目的是抑制催化剂结焦,同时作为热载体减少床层温降,提高反应器内的平均温度,此外还可稀释原料,使原料均匀地分布于床层。

在操作压力不变的情况下,提高氢油比,则氢分压提高,有利于抑制催化剂积炭,但同时也使循环氢量增大,压缩机消耗功率增加。

实际生产中若催化剂稳定性高、原料生焦倾向小,可以采用较低的氢油比。半再生铂重整氢油摩尔比一般为 8,铂—铼重整一般为 6,连续重整可降到 3 左右。

实际生产中情况是多变的,必须根据以上基本规律及生产中具体情况制定指导生产的方案。

第三节 重整催化剂

一、重整催化剂概述

1. 重整催化剂的种类

工业用重整催化剂可分为两大类,即非贵金属催化剂和贵金属催化剂。非贵金属催化剂有 $Cr_2O_3-Al_2O_3$、$MoO_3-Al_2O_3$ 等,这类催化剂的活性低于贵金属催化剂,目前在工业上基本上被淘汰。贵金属催化剂的主要活性组分有铂、钯、铱、铑等,目前应用的有三类,即单金属催化剂——铂催化剂;双金属催化剂,如铂—铼催化剂等;以铂为主体金属的三元或四元的多金属催化剂。

2. 重整催化剂的双功能特性

催化重整催化剂是一种具有双功能特性的催化剂,其中铂构成脱氢活性中心,促进脱氢、加氢反应;酸性载体提供酸性活性中心,促进裂化、异构化反应。氧化铝载体本身只有很弱的酸性,甚至接近于中性,但含少量氯或氟的氧化铝则具有一定的酸性,从而提供了酸性功能。改变催化剂中卤素含量可以调节其酸性功能的强弱。

重整催化剂的这两种功能特性在反应中可以有机地配合的。正己烷环化脱氢步骤如下:

$$C_6H_{14} \xrightarrow[Pt]{脱氢} C_6H_{12} \xrightarrow[酸性中心]{异构化} \bigcirc\!\!-C \xrightarrow[Pt]{脱氢} \bigcirc\!\!-C \xrightarrow[酸性中心]{异构化} \bigcirc \xrightarrow[Pt]{脱氢} \bigcirc$$

正己烷　　1-正己烯　　　　　　　　　　　　　　　　　　　环己烷　　苯

可以看出,正己烷生成苯是交替在催化剂的两种活性中心上作用。正己烷生成苯的速度取决于过程中各个阶段的反应速度,而其中反应速度最慢的阶段起决定作用。所以两种催化功能必须有适当的配比才能生成苯。如果只是脱氢活性很强,则只能加速六元环烷烃的脱氢反应,而异构和加氢裂化反应不足,不可能促进烷烃和五元环烷烃的芳构化反应,达不到提高芳烃产率和辛烷值的目的。相反,如果酸性作用很强,异构化反应就被促进,加氢裂化反应也相对促进,液体收率可能降低,五元环烷烃和烷烃生成芳烃的选择性降低,也不可能达到预期目的。因此,必须设法使双功能催化剂的各种功能配合,以发挥最佳效能。

3. 重整催化剂的物理化学组成

重整催化剂的物理化学组成大致分为三个部分,即金属组分、酸性组分和担体。

(1)金属组分。金属组分是催化剂的核心。重整催化剂的活性金属通常用的是铂,现代双金属和多金属催化剂中大多离不开铂。铂的最大特点是具有强烈的吸引氢分子的能力,对脱氢芳构化反应具有催化功能。一般来说,催化剂的脱氢活性、稳定性和抗毒能力随铂含量的增加而增强。但许多研究表明,当催化剂中铂含量接近于1%时,继续提高铂含量,催化剂性能几乎没有提升。近年来,随着载体和催化剂制备技术的改进,活性金属组分能够更均匀地分散在载体上,重整催化剂的含铂量有所降低,工业上重整催化剂的含铂量大多在0.2%~0.3%。

近20年,铂—铼双金属催化剂已取代了单金属铂催化剂。铼的主要作用是加强了催化剂的容碳能力和稳定性,延长了运转周期或使反应苛刻度提高,适用于固定床反应器。铂—锡催化剂在高温低压下具有良好的选择性和再生性,而且锡比铼便宜,新催化剂和再生催化剂不必预硫化,操作比较简单。虽然稳定性不如铂—铼催化剂,但已满足连续重整工艺的要求,近年来已广泛应用于连续重整装置。

但作为第二组分的金属有严重的加氢裂解活性和氢解作用,在生产中造成液体收率和氢纯度比纯铂催化剂为低。为了防止铂晶粒长大以及减少氢解作用,在双金属催化剂中加入第三种金属——铱、金、铝、锡等,出现了多金属催化剂。

(2)酸性组分。催化剂中的酸性组分能够使催化剂具有更好的催化功能(起助催化剂的作用)。酸性组分主要是添加的卤素元素——氟和氯。可以通过改变卤素含量调节催化剂的酸性功能,随着卤素含量的增加,催化剂对异构化和加氢裂化等酸性功能的催化活性也增强。在卤素的使用上还常有氟—氯型和全氯型两种。氟在催化剂上比较稳定,在操作时不易被水带走,但氟的加氢裂化性能较强,使催化剂的选择性变差,因此,近年来多采用全氯型催化剂。

一般新鲜的全氯型催化剂含氯量为0.6%~1.5%。实际操作中要求含氯量稳定在 0.4%～1.0%。由于氯在催化剂上不稳定,容易被水带走,造成催化剂酸性功能不足。因此在工艺操作中,根据系统中水氯平衡状况注氯以及在催化剂再生后进行氯化等措施来维持氯在催化剂上的含量。卤素含量太低,造成酸性功能不足,芳烃转化率降低(尤其五元环烷和烷烃的转化困难)或生成油中辛烷值低。但卤素含量太高时,加氢裂化反应增强,导致液体产物收率下降。

(3)担体。重整催化剂的担体通常是氧化铝(Al_2O_3),它又分 $\eta-Al_2O_3$ 和 $\gamma-Al_2O_3$ 两种形式。现在大都改用 $\gamma-Al_2O_3$,因其热稳定性较好。一般来说,担体没有催化活性,但担体具有较大的表面积和较好的机械强度。担体的主要特点是含有很多细孔,在制成催化剂时,便于将铂等组分均匀分布在孔中,这些小孔把金属组分的颗粒分散得越细,催化剂活性就越高。

二、重整催化剂的使用性能

重整催化剂实际使用性能,通常从以下几方面来评价。

1. 活性

催化剂活性是该催化剂催化功能大小的重要指标。催化剂活性越强,促进原料转化的能力越大,在相同的反应时间内得到的目的产品越多。因此,重整催化剂的活性往往用芳烃产率的高低来衡量。此外,也可用获得规定的芳烃产率时,反应强度(通常指温度)高低来描述。显然,在获得规定的芳烃产率时,所用的反应温度越低,表明它的活性越高。

2. 选择性

选择性是指催化剂促进理想反应(芳构化)能力的高低,通常催化剂除加速希望发生的反应外,还伴随着裂化等副反应。选择性高则表明促进环化能力高而裂解反应少。

3. 稳定性和寿命

在催化剂运转的工作周期中,随着工作时间的延长,其活性和选择性都要下降。催化剂保持活性和选择性的能力称为稳定性。催化剂的减活速度越慢表示它的稳定性越好。

为了维持一定水平的芳烃转化率或重整汽油的辛烷值,随着催化剂活性的下降,需要提高反应温度,但这会使液体产率降低。当反应温度提高到某个限度时,液体产率已下降严重,经济上不再合理时应停止使用催化剂,进行催化剂的再生。从新鲜催化剂投用到再生这一段时间称为一周期的寿命,可以用小时表示。对重整催化剂,表示寿命的方式多为每公斤催化剂能处理的原料数量。催化剂的寿命越长,重整装置的有效生产时间越多。从新催化剂投用到因失活而停止使用这一段时间称为催化剂的总寿命。催化剂的稳定性越好,则使用寿命越长,在满足生产需要的前提下,寿命长可增加有效生产时间同时节省生产费用。

4. 再生性能

催化剂表面积炭,可通入含氧气体烧去积炭,恢复活性,这个过程称为催化剂再生。再生性能好的催化剂,经再生后的催化剂活性可恢复到新催化剂水平。但实际上在催化剂多次再生的过程中,每次再生后的催化剂的活性往往只能达到上一次再生时的85%~95%。在经过多次再生后,催化剂的活性不能满足使用要求时就需要更换催化剂。

5. 机械强度

固定床装置催化剂的机械强度虽然没有像流化床或移动床装置对催化剂的要求那样高,但是一定的机械强度是必需的。在生产过程中,由于操作条件的变动(如压力波动、温度变化等)和承压等原因,将会引起催化剂粉碎,对反应不利。工业上以耐压强度来表示重整催化剂的机械强度。

三、催化剂的失活和中毒

生产过程中使催化剂活性下降的原因有催化剂表面积炭、卤素流失、晶粒聚集使分散度减小以及催化剂中毒等。一般正常生产中催化剂活性下降主要原因是催化剂表面积炭。

1. 催化剂积炭失活

对一般铂催化剂,当积炭增至3%~10%,其大半活性丧失,对铂—铼催化剂,积炭达20%时其大半活性丧失。

催化剂因积炭引起的活性降低可以采用提高反应温度的办法来补偿。但是提高反应温度有一定的限制,国内的铂重整装置一般反应温度最高不超过520℃,此时,催化剂上的积炭量约8%~10%;当反应温度提至最高时可以用再生的办法烧去积炭并使催化剂的活性恢复,再生性能好的催化剂其活性基本上可以恢复到原有水平。

催化剂积炭的速度与原料性质和操作条件有关。当原料的终馏点高、不饱和烃含量高时积炭速度快。另外,苛刻的反应条件(如高温、低空速、低氢油比等)也会增加积炭速度。

2. 催化剂中毒

铂催化剂受原料中某些杂质的影响而丧失活性的现象称为中毒,而使催化剂中毒的物质称为毒物。对铂催化剂的毒物按其对催化剂中毒严重程度排列,其顺序是:砷、铅、铜、铁、钒、镍、汞、钠等金属毒物和硫、氮、氧、烯烃等非金属毒物。

(1)永久性毒物。

①砷。砷和铂有很大的亲和力,它能与催化剂表面的铂晶粒形成铂—砷化合物造成催化剂永久性中毒。通常铂催化剂上砷含量大于 $200~\mu g/g$ 时,催化剂的活性再生后也不能恢复,这种中毒称为永久性中毒。因此对铂重整原料的含砷量应严格控制,通常铂重整原料的含砷量限制在 $0.002~\mu g/g$ 以下。

原料中的砷含量一般随石油馏分沸点的升高而增加,大约90%的砷集中在蒸馏残油中,因此经过热加工所得的轻馏分往往含有较多的砷。一般情况下,制取重整原料油时,经过预脱砷、预加氢精制,砷含量即可合格。

②铅、铜、汞、铁、钠等金属也都可以引起催化剂永久中毒。因此,要注意重整原料油不被加铅汽油污染,检修时尽量避免铜屑、铁屑、汞等物进入系统,并禁止使用氢氧化钠等钠化合物处理原料。

(2)非永久性毒物。

①硫。原料中的含硫化合物在重整反应条件下生成 H_2S。当原料含硫量高时,硫化氢在循环氢中集聚,使催化剂的脱氢活性下降,而促进烷烃的加氢裂化。有研究表明,当原料中含硫量达0.3%时,铂催化剂的脱氢活性下降了80%。原料含硫量的允许值与氢分压有关,氢分压高时,允许较高的含硫量。在使用铂—铼催化剂时,对硫含量更为敏感,限制在 $1~\mu g/g$ 以下,它们形成的 ReS 或 ReS_2,更难用氢还原。

在一般情况下,硫对铂催化剂的作用是暂时性中毒。如果原料的硫含量降低或除去后,经过一段时间的操作,铂催化剂的活性可以恢复,但长期存在过量硫,则也会造成永久性中毒。

但生产实践证明,完全脱净原料中的硫并非完全有利,因为少量的硫可以抑制氢解和深度脱氢反应,尤其是对铂—铼催化剂,开工时甚至有控制地人工加硫,实行催化剂预硫化以减少铂—铼催化剂上生成过多的积炭。

②氮。原料油中的氮化物在重整反应条件下生成氨,与催化剂的酸性组分作用形成铵盐(如 NH_4Cl),抑制了加氢裂化、异构化、脱氢环化等反应。一般认为氮使催化剂暂时性中毒。

③一氧化碳和二氧化碳。原料中一般不含一氧化碳,生成气中也不会有。它的主要来源是开工时引入系统内的工业氢或置换氮中带入的,通常要求使用气体中的一氧化碳小于0.1%,二氧化碳小于0.2%。

◆◆◆ 四、重整催化剂使用方法及操作技术

1. 运转催化剂的活性保护

在正常运转中,使装置长周期运转,除了合理调整工艺参数外,还必须了解催化剂的工作性能。活性指标中最主要的是预防催化剂的迅速积炭,保持催化剂的双功能组分,维持氯和水的平衡。

(1)氯和水的平衡。催化重整中对氯和水的含量有严格的要求。控制氯含量的目的是控制双功能催化剂中酸性组分与金属组分的比例。在反应器内气相(原料和循环氢)中氯与催化剂上的氯有平衡关系,当原料中含氯过多时,铂催化剂上的氯含量增加,使催化剂的酸性功能增强。因此,对原料中的含氯量有限制。

原料或循环氢中含少量水可保证氯良好分散,但含水多时促使催化剂上的氯损失,所以对原料中含水量有限制。

维持氯和水的平衡办法是定期从反应器进料、生成油及进出气体处采样分析氯和水的摩尔比,也可根据操作情况判断,如产品辛烷值、反应器总温降、循环氢纯度的变化来判断是否要注水或注氯。当催化剂上含氯少时,可向原料中注入二氯乙烷、氯化丙烷等有机氯化物;当催化剂上含氯多时可以向原料中注入水(注水通常用醇类,醇类可以避免腐蚀);当原料中水多时应适当补氯。

(2)合理控制积炭。防止积炭的有效方法就是加大氢油比。在任何情况下操作,氢油比不应低于操作规程的指标,否则会使积炭加剧,缩短催化剂运转周期。新鲜重整催化剂开工时初活性的控制很重要,如果不控制新鲜催化剂的强烈裂解,就会迅速产生积炭而影响运转周期。

(3)控制催化剂毒物。

①抑制加氢裂解和异构化的毒物。加氢裂解和异构化的毒物主要是水、氯。在运转中发生过量水(或氯)的污染时,将会使反应产物中的甲烷含量骤然下降。

控制水污染的有效方法是原料油的脱水和加强系统干燥。当发现系统含水量过高时,应适当降低反应温度,并调整预加氢汽提塔的操作,直至含水量合格,再逐渐将温度提至所需的反应温度。在必要时为抵消水的作用,常采用注氯的办法,在原料中加入有机氯化物。

②抑制增强裂解活性的物质,最常见的是氯。过多的氯会破坏重整催化剂的双功能机能的平衡。为了洗去催化剂上的氯或抑制原料中多余氯,可以采用注水的办法。

2. 催化剂的再生

催化剂使用过程中,活性因积炭而逐渐下降时就需要再生。催化剂经再生后,活性可以恢复。再生好坏取决于催化剂的再生性能及再生操作是否恰当。

再生过程是用少量含氧的惰性气体(如氮气)缓慢烧去催化剂表面上的积炭。再生燃烧时产生的二氧化碳、一氧化碳、水等随烧焦用的惰性气体带出,反应器内硫化铁屑、加热炉管内少量积炭等,以氧化物的形式被带出。重整催化剂的再生过程包括烧焦、氯化更新和干燥三个程序。

(1)烧焦。在工业装置的再生过程中,最重要的问题是要通过控制烧焦反应速度来控制反应温度。过高的温度会使催化剂的金属铂晶粒聚集,还可能会破坏载体的结构,而载体结构的破坏是不可恢复的。一般来说,应当控制再生时反应器内的温度为500~550℃。

(2)氯化更新。在烧炭过程中,催化剂上的氯会大量流失,铂晶粒也会聚集,氯化更新的作用就是补充氯并使铂晶粒重新分散,以便恢复催化剂的活性。

氯化是在催化剂烧焦以后,在一定的条件下通入含氯的化合物。工业上一般选用二氯乙烷,在循环气中的浓度(体积分数)稍低于1%。循环气采用空气或含氧量高的惰性气体。

氯化多在510℃、常压下进行,一般进行2 h。更新是在适当的温度下用空气处理催化剂,使铂的表面再氧化防止铂晶粒的聚集,以保持催化剂的表面积和活性。

(3)干燥。干燥工序多在540℃左右进行,采用空气作循环气。

3. 催化剂的还原和硫化

从催化剂生产厂送来的新鲜催化剂及经再生的催化剂中的金属组分都是处于氧化状态，必须先还原成金属状态后才能使用。还原过程在480℃左右及氢气气氛下进行。还原过程中有水生成，应注意控制系统中的含水量。

铂—铼催化剂和某些多金属催化剂在刚开始进油时可能会表现出强烈的氢解性能和深度脱氢性能，前者导致催化剂床层产生剧烈的温升，严重时可能损坏催化剂和反应器；后者导致催化剂迅速积炭，使其活性、选择性和稳定性变差。因此在进原料油以前须进行预硫化以抑制其氢解活性和深度脱氢活性。预硫化时采用硫醇或二硫化碳做硫化剂，用预加氢精制油稀释后经加热进入反应系统。铂—锡催化剂无须预硫化，因为锡能起到与硫相当的抑制作用。

第四节　催化重整原料的选择

一、催化重整原料的选择

催化重整对原料的要求一般包括馏程、族组成和杂质含量三方面，都比较严格。

1. 馏程

根据生成目的物的不同，重整的原料也不一样。当生产高辛烷值汽油时，一般采用80～180℃馏分；当生产苯、甲苯和二甲苯时，宜分别采用60～85℃、85～110℃和110～145℃的馏分；当生产苯、甲苯和二甲苯时，宜采用60～145℃的馏分；当生产轻质芳香烃和汽油时，宜采用60～180℃的馏分。

2. 族组成

重整原料的族组成主要依据环烷烃的含量。在使用铂催化剂时，芳烃的生成主要靠六元环烷脱氢和分子大于C_5的五元环烷的异构脱氢，烷烃的环化脱氢反应则进行得很少。因此，含较多环烷烃的原料是良好的重整原料。

在实际工作中，用芳烃的潜含量衡量原料油的品质。通常生产中把原料中的全部环烷烃转化为芳烃（一般指C_6～C_8芳烃），再加上原料中原有的芳烃总和，称为芳烃潜含量。重整生成油中的实际芳烃含量与原料的芳烃潜含量之比称为芳烃转化率或重整转化率。具体计算依据公式(9-1)～公式(9-5)（均为质量分数）：

$$芳烃潜含量 = 苯潜含量 + 甲苯潜含量 + 八碳芳烃潜含量 \quad (9\text{-}1)$$

$$苯潜含量 = \frac{六碳环烷烃含量 \times 78}{84} + 苯含量 \quad (9\text{-}2)$$

$$甲苯潜含量 = \frac{七碳环烷烃含量 \times 92}{98} + 甲苯含量 \quad (9\text{-}3)$$

$$八碳芳烃潜含量 = \frac{八碳环烷烃含量 \times 106}{112} + 八环芳烃含量 \quad (9\text{-}4)$$

$$重整转化率 = \frac{芳烃产率}{芳烃潜含量} \quad (9\text{-}5)$$

式中的 78、84、92、98、106、112 分别为苯、六碳环烷烃、甲苯、七碳环烷烃、八碳芳烃、八碳环烷烃的相对分子质量。

由于甲基环戊烷的异构脱氢速度较慢，相对地加氢裂化速度较快，转化成苯的转化率也就较低。因此，良好的重整原料不仅要求环烷烃含量高，而且希望其中的甲基环戊烷含量不要过高。在适宜的条件下，原料芳烃潜含量越高，经重整后得到的芳烃越多。潜含量只能说明原料油可以提供芳烃的潜在能力，但并不是生成芳烃的最高数值。因为原料油中的烷烃反应后仍然能转化为芳烃，所以实际生产中就可能获得比潜含量更高的芳烃产量。

3. 杂质含量

为了使重整催化剂能长期维持高活性，必须严格限制重整原料中的杂质含量，如砷、铅、铜、汞、硫、氮等。一般重整原料的杂质含量超过规定的限制量，都必须经过预处理。

二、扩大重整原料油的来源

催化重整最理想的原料是石油一次加工从初馏塔得来的直馏汽油，但通常的由原油初馏塔得到的汽油只占原油的 3%~5%，最多不超过 10%，不能满足生产要求。近年来，经过试验，可以考虑切取原油的宽馏分或采用直馏汽油和二次加工汽油混合，以扩大重整原料油的来源。但直馏汽油和二次加工汽油混合油须经深度预加氢后，才能获得合格的重整原料。

第五节 催化重整工艺流程

一、工艺流程

催化重整工艺流程包括四部分,即原料油预处理、反应(再生)、芳烃抽提和芳烃精馏。其中反应(再生)部分按反应系统催化剂再生方式不同可分为三种类型,即固定床半再生(铂重整)、固定床循环再生和移动床连续再生。图9-2为铂重整反应部分原则工艺流程。

经预处理合格的重整原料油与循环氢混合,进入加热炉加热后,进入重整第一反应器,进行重整反应。由于重整反应为强吸热反应,反应器床层温度随之下降。为了维持较高的反应温度,以保持较高的反应速度,需要不断地在反应过程中补充热量。因此,一般重整反应器由3~4个反应器串联,反应器之间有加热炉加热至所需的反应温度。

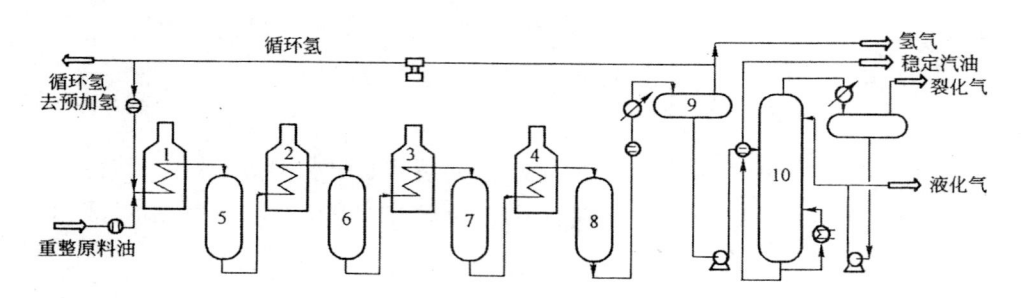

图9-2 催化重整反应部分原则工艺流程图

1,2,3,4—加热炉;5,6,7—重新反应器;8—后加氢反应器;9—高压分离器;10—稳定塔

自反应器出来的重整生成油,进入后加氢反应器。后加氢目的是将重整生成油中少量的烯烃加氢饱和,利于芳烃抽提操作和保证取得芳烃产品的酸洗颜色合格。

后加氢反应产物经冷却后,进入高压分离器进行油气分离,分出的含氢气体一部分用于预加氢汽提,大部分经循环氢气压机升压后与重整原料混合循环使用。

重整生成油自高压分离器出来经换热进入稳定塔。稳定塔的塔顶产物为燃料气或液化气,塔底产物为脱丁烷的重整生成油或叫稳定汽油,可做为高辛烷值汽油。对于以生产芳烃为目的产品的装置,还须在塔中脱去戊烷,所以该塔又称脱戊烷塔,塔底出料称脱戊烷油,可作为抽提芳烃的原料。

重整反应系统是重整装置的关键部分,操作条件的合理确定对装置的稳定操作、处理量的提高、重整产物的收率和质量,都是十分重要的。

二、连续再生式重整工艺流程

半再生式重整会因催化剂的积炭而停工进行再生。为了保持催化剂的高活性,需要连续地供应氢气,美国 UOP 公司和法国 IFP 公司分别研究和发展了移动床反应器连续再生式重整(简称连续重整)。其主要特征是设有专门的再生器,反应器和再生器都采用移动床,催化剂在反应器和再生器之间连续不断地进行循环反应和再生。UOP 连续重整反应系统的流程如图 9-3 所示。

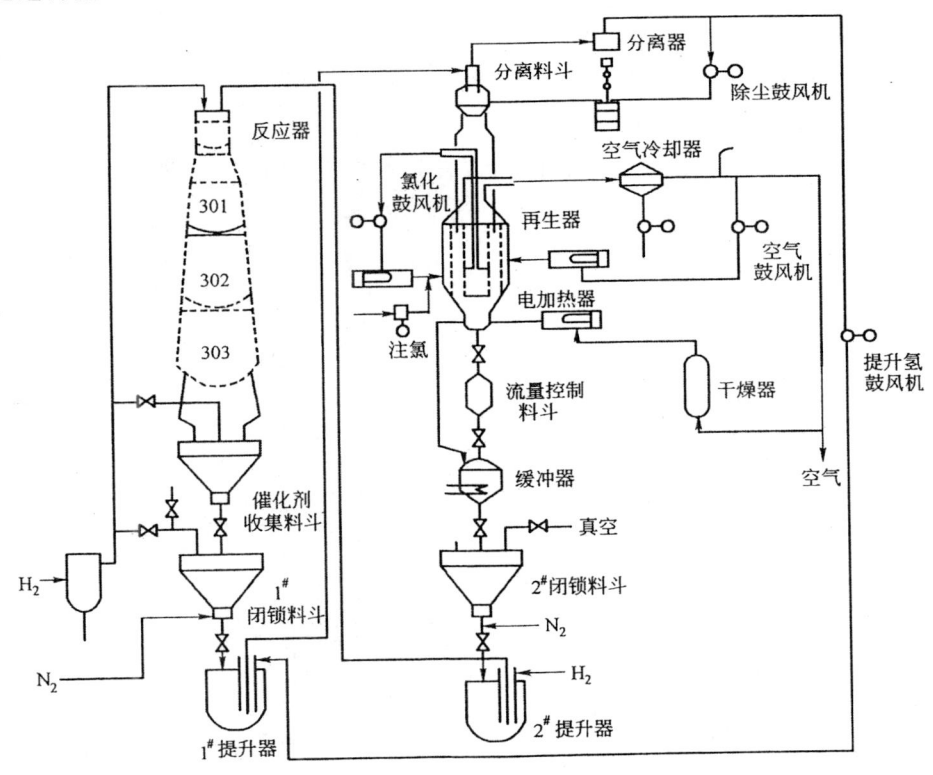

图 9-3　UOP 连续重整反应系统的流程

在 UOP 连续重整装置中,三个反应器是叠置的,催化剂依靠重力自上而下依次通过,然后提升至再生器再生。恢复活性后的再生剂返回第一反应器又进行反应。催化剂在系统内形成一个闭路循环。从工艺角度来看,由于催化剂可以频繁地再生,有条件采用比较苛刻的反应条件,即较低的反应压力、较低的氢油分子比和较高的反应温度,其结果是更有利于烷烃的芳构化反应,重整生成油的辛烷值可达 100 以上,液体收率和氢气产率高。

三、重整反应器

按反应器的类型分,半再生式重整装置采用固定床反应器,连续再生式重整采用移动床反应器。

1. 固定床反应器

固定床反应器根据其结构不同又分为轴向式反应器和径向反应器。

(1)轴向反应器。反应器为圆筒形,在其中部装有催化剂,在催化剂上部及下部装有惰性瓷球,防止操作波动时催化剂层的跳动而使催化剂破碎,同时有利于气流均匀分布。在反应器入口处设有分配头及事故氮气线,出口处设有收集器。其结构如图 9-4(a)所示。

轴向反应器制造简单、造价便宜,进料分布均匀、装卸催化剂容易,目前应用较广泛。缺点是原料和催化剂接触不均匀,严重时会造成局部过热。

(2)径向反应器。径向反应器是适应低压重整发展起来的。其结构如图 9-4(b)所示。

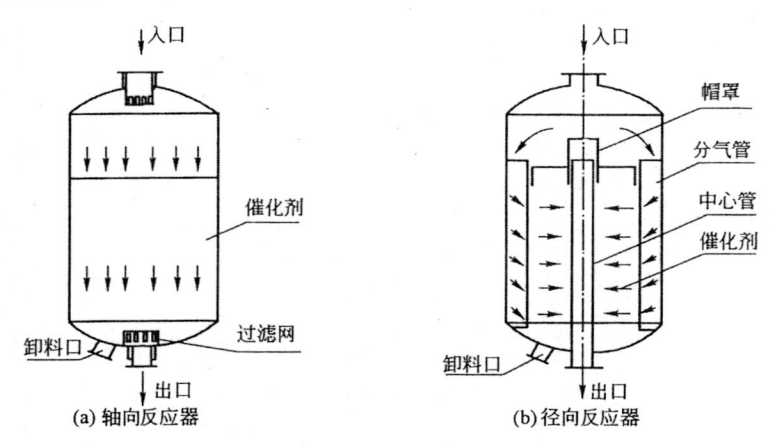

图 9-4 轴向反应器和径向反应器

径向反应器气流进出比较均匀,床层在反应过程中温度分布均匀,反应也很充分,它的总压降比轴向反应器小得多。但径向反应器的结构复杂,检修困难,不宜用于小尺寸反应器。

2. 移动床反应器

UOP 移动床反应器是轴向重叠式反应器,它好比是将三个轴向反应器轴向叠置在一起,但催化剂能够自上而下靠重力移动。其构造如图 9-5 所示。

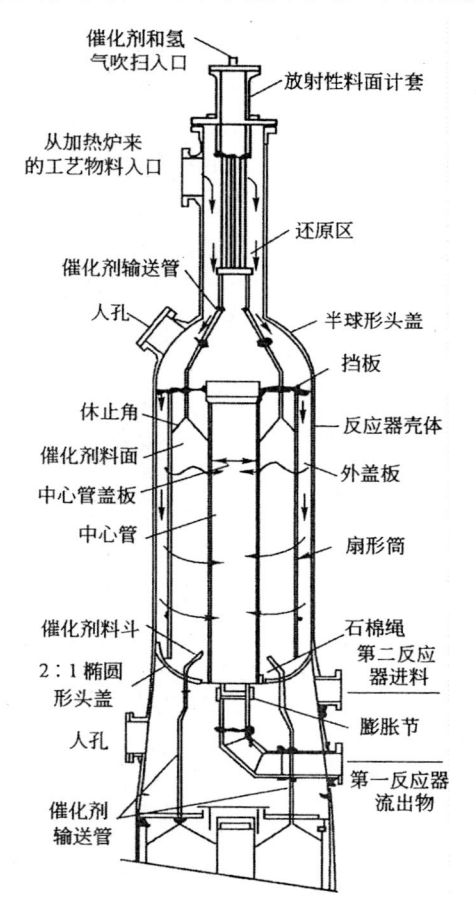

图 9-5 轴向重叠式移动床重整反应器顶部结构

参考文献

[1] 王海彦,陈文艺. 石油加工工艺学[M]. 北京:中国石化出版社,2011.

[2] 陈月,刘洪宇. 石油加工生产过程操作[M]. 北京:化学工业出版社,2019.

[3] 陈长生. 石油加工生产技术[M]. 2版. 北京:高等教育出版社,2013.

[4] 付梅莉,于月明,刘振河. 石油加工生产技术[M]. 北京:石油工业出版社,2009.

[5] 郑哲奎,廖有贵. 石油加工生产技术[M]. 北京:化学工业出版社,2019.

[6] 徐承恩. 催化重整工艺与工程[M]. 北京:中国石化出版社,2006.

[7] 汤海涛. 灵活多效催化裂化工艺技术应用研究[J]. 炼油设计,2001,31(6):8-10.

[8] 崔国华,罗全君. 常减压蒸馏装置的节能分析[J]. 石油化工应用,2007,26(6):65-68.

[9] 侯英生. 发挥延迟焦化在深度加工中的重要作用[J]. 当代石油化工,2006,14(2):3-12.

[10] 张立新. 中国延迟焦化装置的技术进展[J]. 炼油技术与工程,2005,35(6):1-7.

[11] 胡永康,关明华. 国内外馏分油加氢裂化催化剂的发展[J]. 抚顺烃加工技术,2000(1):1-18.

[12] 毕建国. 烷基化油生产技术的进展[J]. 化工进展,2007,26(7):934-939.